수학 교과서
개념 읽기

연산
덧셈에서 로그까지

덧셈에서 로그까지

연산

수학 교과서
개념 읽기

김리나 지음

창비

'수학 교과서 개념 읽기' 시리즈의 집필 과정을 응원하고
지지해 준 모든 분에게 감사드립니다.
특히 제 삶의 버팀목이 되어 주시는 어머니,
인생의 반려자이자 학문의 동반자인 남편,
소중한 선물 나의 딸 송하,
사랑하고 고맙습니다.

여러분에게 수학은 어떤 과목인가요? 혹시 수학이 어렵다고 느껴진다면, 그건 배워야 할 개념 자체가 어려워서라기보다 개념 사이의 연관 관계를 잘 모르고 있는 탓이 큽니다. 그런데 이러한 문제는 꼭 여러분의 노력 부족 때문만은 아니에요.

우리나라 교육 과정에 따르면 초등학교, 중학교, 고등학교 12년에 걸쳐 수학 개념, 원리, 공식 들을 배웁니다. 수학 교과서 한 단원의 내용을 제대로 이해하기 위해서는 이전 학년에서 배웠던 연관된 개념과 원리를 모두 알고 있어야 하지요. 그런데 몇 년 전에 배웠던 수학 지식을 모두 기억해서 활용하고, 지식 사이의 관계까지 파악하는 것은 쉬운 일이 아닙니다. 예를 들어 고등학교 『수학』에서 배우는 허수를 이해하기 위해서는 초등학교에서 배운 양의 정수와 0, 중학교에서 배운 음의 정수, 유리수, 무리수의 개념과 이러한 수 사이의 관계를 알아야 합니다. 초등학교, 중학교에서 배운 내용을 모두 기억했다가 고등학교 수학 시간에 활용할 수 있는 학생이 몇 명이나 될까요?

많은 수학 관련 책이 수학 개념을 학년별로 구분지어 설명합니다. 이런 방식으로는 초·중·고 수학 개념들 사이의 연관성을 이해하기가 쉽지 않아요. 그래서 이 시리즈에서는 주제별로 수학 개념들을 연결해 보았습니다. 초·중·고 수학 교과 내용을 학년에 상관없이 한꺼번에 이해할 수 있도록 한 것이지요. 수학 지식들이 어떻게 연결되어 있는지 보여 주고, 이를 통해 수학의 개념, 원리, 공식 사이의 관계를 이해하게 하는 데 이 책의 목적이 있습니다.

초등학교에서 배우는 기초 개념부터 고등학교에서 배우는 상위 개념까지 담고 있기 때문에 이 책의 뒷부분은 다소 어렵게 느껴질 수도 있습니다. 그러나 교육심리학자 제롬 브루너는 아무리 어려운 개념도 발달 단계에 맞는 언어로 설명하면 어린아이라도 이해할 수 있다고 말했습니다. 브루너의 주장처럼 이 시리즈에서는 고등학교에서 배우는 수학 개념도 초등학생이 이해할 수 있도록 쉽게 설명했습니다. 그러니 아직 배우지 않은 낯선 개념을 만

나더라도 당황하지 말고, 왜 그러한 개념과 원리 들이 만들어졌는지 이해하는 데 목적을 두고 차근차근 읽어 나가기를 바랍니다.

이 책의 앞부분에서는 가장 쉽고 기초가 되는 수학 개념과 원리가 소개됩니다. 잘 알고 있다고 여겨지는 내용이더라도 원리를 생각하며 차분히 읽어 보세요. 기초를 튼튼하게 쌓아야 어려움 없이 상위 개념으로 나아갈 수 있으니까요.

수학을 잘하고 싶지만 이전에 배운 수학 지식이 잘 기억나지 않는다면, 수학 문제 풀이 방법은 열심히 암기했지만 정작 개념과 원리, 공식의 관계는 잘 알지 못한다면, 이 시리즈가 분명 도움이 될 겁니다. 또 수학 개념을 탐구하고 싶은 사람이라면 어떤 학년에 있든, 이 책을 즐겁게 읽을 수 있습니다. 여러분이 이 책을 통해 수학적 탐구를 즐길 수 있게 되기를 진심으로 희망합니다.

2019년 가을
김리나

연산 편은 초등학교에서 배우는 덧셈과 뺄셈부터 고등학교에서 배우는 지수와 로그까지, 학교에서 배우는 모든 연산을 담고 있어요. 수학자들이 어떤 불편을 해결하기 위해 덧셈을 곱셈으로, 곱셈을 지수로, 지수를 로그로 바꾸어 계산하게 되었는지 살펴볼 거예요. 새로운 연산이 만들어지게 된 과정을 차근차근 따라가다 보면 학교에서 배우는 여러 연산들이 서로 밀접하게 연결되어 있으며, 각자의 단점을 보완하기 위해 발전된 것임을 파악할 수 있을 거예요.

차
례

6   '수학 교과서 개념 읽기'를 소개합니다

9   이 책에서 배울 내용

12   프롤로그 | 수학이 말하는 법

1부 덧셈, 모든 연산의 기본

23   1. 덧셈

30   2. 시그마, 덧셈을 간단하게

35   3. 뺄셈, 덧셈을 거꾸로

44   쉬어 가기 | 이집트의 덧셈은 복잡해

2부 곱셈, 다양하게 활용되는 연산

49   1. 곱셈

63   2. 경우의 수

79   3. 팩토리얼, 곱셈을 간단하게

81   4. 나눗셈, 곱셈을 거꾸로

93   쉬어 가기 | 고대 이집트의 나눗셈

3부 지수, 간단하게 나타내는 연산

99   **1. 지수**

112   **2. 제곱근, 지수를 거꾸로**

122   쉬어 가기 | *64개의 원반을 옮겨라!*

4부 로그, 천문학적 숫자를 다루는 연산

127   **1. 로그**

132   **2. 로그의 법칙**

139   쉬어 가기 | *로그 덕을 톡톡히 본 천문학자들*

141   교과 연계·이미지 정보

수학이 말하는 법

간단하게 말하는 기호

$$+, \quad -, \quad \times, \quad \div, \quad \sum, \quad \sqrt{}, \quad \log \cdots$$

수학에는 이상한 기호가 너무나 많습니다. 덧셈 기호 $+$, 뺄셈 기호 $-$와 같이 우리에게 익숙한 기호도 있지만, $\sum$(시그마), $\sqrt{}$(루트), !(팩토리얼), $\log$(로그)같이 일상생활에서 잘 사용하지 않는 기호들도 있지요. 낯선 기호들은 수학을 괜히 어렵게 느껴지게 합니다. 하지만 사실 수학 기호들은 수학을 더 쉽게 만들어 주는 약속이랍니다. 기호의 뜻만 잘 알고 사용하면 더 편하게 수학 공부를 할 수 있어요.

다양한 수학 기호들은 왜 만들어졌을까요? 수학 기호가 없던 과거로 돌아가 보면 그 이유를 금방 알 수 있답니다. 예전에는 간단한 문제를 설명하는 데에도 긴 설명이 필요했습니다. 예를 들어, 다음 식을 살펴볼까요?

$$(3 + 5) \times 7 =$$

간단한 식이지만 +, ×와 같은 수학 기호가 없다면 다음과 같이 긴 문장으로 써야 합니다.

3에 5를 더한 후 7을 곱하면 얼마입니까?

수학 문제를 이야기할 때마다 매번 이렇게 글로 적어야 한다면 너무나 번거롭겠지요? 이런 불편을 없애기 위해 수학자들은 기호를 만들었고, 기호를 통해 '식'을 표현하기로 약속했습니다.

덧셈식	뺄셈식	곱셈식	나눗셈식
3 + 4 = 7	7 − 3 = 4	3 × 4 = 12	12 ÷ 3 = 4

식(式)은 법, 규칙, 기준이라는 뜻을 갖고 있습니다. 수학에서 **식은 숫자, 알파벳, 약속된 연산 기호 등을 이용해 수 사이의 관계를 규칙에 따라 표현한 것입니다.**

여러분이 '3 + 4 = 7'이라는 식을 보고 그 뜻을 바로 이해하는 것은 이미 수학 기호에 대해 잘 알고 있기 때문입니다. +, ×와 같은 수학 기호를 태어나서 처음 본 사람은 '3 + 4 = 7'이라는 식을 대체 어떻게 이해해야 하는지 알 수 없을 거예요. 수학에서 사용하는 기호는 사람들 사이의 약속입니다. 따라서 그 의미와 사용 방법을 이해한 후 꼭 암기해야 합니다.

알 수 없는 수를 표시하는 알파벳

영어에서 X는 '알 수 없는 것'을 나타내는 문자로 사용됩니다. 예를 들어 엑스레이(X-ray)는 알 수 없는 광선, 미스터 엑스(Mr. X)는 정체를 알 수 없는 사람이라는 뜻이지요. X라는 알파벳이 이런 의미를 갖게 된 것은 수학의 영향입니다. 수학에서는 알 수 없는 수를 x라고 표시합니다.

수학식에는 13, $\frac{3}{8}$, 3.18과 같은 숫자와 $+$, $-$ 등의 연산 기호만 사용되는 것이 아닙니다. $a, b, c, x, y\cdots$와 같은 알파벳 문자도 사용합니다. 이러한 문자들은 $+$, $-$와 같은 연산 기호와 달리 우리가 알지 못하는 '수'를 대신하는 역할을 합니다. 예를 들면 다음과 같습니다.

어떤 수에 **5**를 더한 값은 **7**과 같다.
$$\rightarrow x + 5 = 7$$

예전에는 수학자마다 '모르는 수'를 표현하는 방법이 제각각이었습니다. 마치 다른 나라 말을 하듯 어떤 수학자는 □를 쓰고, 다른 수학자는 △를 썼지요. 그런데 이렇게 모든 사람이 각자 다른 기호를 사용한다면 식을 보고 기호가 어떤 의미인지 바로 알아보기가 어렵겠지요? 그래서 수학자들은 식에서 숫자 대신 문자를 사용할 때 특정한 규칙을 따르기로 약속했답니다. 우선, 식에서 아직 알지 못하는 수, 즉 미지수를 표시할 때에는 x부터 이어지는 알파벳 x, y, z를 사용하기로 했습니다.

어떤 수에 **5**를 더한 값은 **7**과 같다.

→ $x + 5 = 7$

알지 못하는 서로 다른 두 수를 더한 값은 **7**과 같다.

→ $x + y = 7$

알지 못하는 서로 다른 세 수를 더한 값은 **7**과 같다.

→ $x + y + z = 7$

한편 일반적인 수의 규칙을 나타내고자 할 때에는 알파벳 a부터 순서대로 사용하기로 했습니다. 예를 들어 '임의의 한 자연수를 다른 자연수로 나눈 몫은 분수로 나타낼 수 있다.'라는 규칙에 대해 이야기해 봅시다.

$$2 \div 7 = \frac{2}{7}$$

$$4 \div 11 = \frac{4}{11}$$

$$13 \div 19 = \frac{13}{19}$$

$$\vdots$$

[규칙] 임의의 자연수 a, b에 대해 $a \div b = \dfrac{a}{b}$

이때 규칙을 $3 \div 5 = \dfrac{3}{5}$이라고 쓴다면, 모든 수의 나눗셈을 분수로 나타낼 수 있다는 것인지 아니면 $3 \div 5$만 특별히 $\dfrac{3}{5}$이라고 쓸 수 있다는 것인지 헷갈릴 수 있습니다. 이런 혼란을 막기 위해 수의 규칙을 설명할 때에는 문자를 사용하는 것입니다.

임의(任意)는 '각자의 뜻에 맡긴다.'라는 의미로 특별히 내용이 정해지지 않았음을 나타내는 단어입니다. 따라서 '임의의 자연수 a, b에 대해 $a \div b = \dfrac{a}{b}$'는 'a와 b 대신에 어떤 자연수를 넣어도 $a \div b = \dfrac{a}{b}$라고 쓸 수 있다.'라는 의미로 이해하면 됩니다.

한편, 식에서 모르는 수를 적거나(x, y, z) 수의 규칙을 나타내는 경우$(a, b, c, d\cdots)$가 아니라면 $k, p, q\cdots$ 등 임의의 알파벳을 사용해도 상관없습니다.

이렇게 식에 알파벳을 이용하는 것은 15세기 프랑스 수학자 르네 데카르트의 영향입니다. 데카르트가 처음으로 모르는 수는 x부터, 수의 규칙을 나타낼 때에는 알파벳 a부터 사용해 식에 표시했지요. 문자의 표현법이 정리된 이후, 수학자들은 통일된 언어를 갖게 되었습니다. 그 덕분에 서로 쉽고 빠르게 수학 공식을 공유할 수 있게 되었답니다.

약속을 담은 연산 기호

수학에서 **연산은 약속에 따라 수를 계산하여 새로운 수를 얻는 과정을 뜻합니다.** 연산이라는 단어는 '흐르다'라는 뜻의 연(演)과 '(수를) 세다'라는 뜻의 산(算)이 합쳐져 '순서에 맞게 수를 세다'라는 뜻을 가지고 있어요. 예를 들어 연산 기호 +는 기호의 앞뒤에 있는 두 수를 더하라는 의미를 가지고 있습니다. 따라서 '1 + 2'라고만 써도 사람들은

1과 2를 더해야 한다는 것을 알 수 있습니다. +라는 약속에 따라 1과 2를 더해 새로운 수 3을 구하는 과정이 바로 '연산'입니다.

연산 기호를 만드는 것은 어렵지 않습니다. 누구나 마음만 먹으면 자신만의 연산 기호를 만들 수 있습니다. ☆를 이용해 연산 기호를 만들어 볼까요? ☆ 앞뒤에 있는 수를 곱한 값을, ☆ 앞뒤에 있는 수를 더한 값으로 나누는 연산 기호로 약속해 봅시다.

$$[약속]\ a ☆ b = \frac{a \times b}{a + b}$$

☆의 의미를 약속한 후 아래와 같이 문제를 만들 수 있습니다.

$$[문제]\ 3 ☆ 5$$

$$[답]\ 3 ☆ 5 = \frac{3 \times 5}{3 + 5} = \frac{15}{8}$$

이처럼 누구나 연산 기호를 만들 수 있지만 모든 기호

가 널리 쓰이는 것은 아닙니다. 많은 수학자가 유용한 기호라고 인정하고 사용해야 약속된 기호로 자리 잡을 수 있지요. 수학자들이 기호를 약속하게 된 데에는 여러 가지 이유가 있습니다. 긴 문장을 간단히 나타내기 위해, 혹은 기존에 사용하던 연산 기호의 불편함을 개선하기 위해 새로운 기호를 만들었지요. 우리는 이 책에서 전 세계 수학자들이 똑같이 사용하기로 약속한 연산 기호에 대해 알아볼 것입니다. 다양한 연산 기호들이 서로 어떻게 연결되어 있는지도 살펴볼 예정입니다. 그럼 일상생활에서 가장 많이 사용하는 연산 중 하나인 '덧셈'부터 시작해 볼까요?

1부

덧셈, 모든 연산의 기본

2개 이상의 수나 식을 더하는 계산을 덧셈이라고 합니다. 덧셈이라니 이미 잘 알고 있는 내용이라 시시하다고요? 그렇지만 덧셈을 빼고 다른 연산을 이야기할 수는 없습니다. 덧셈은 새로운 연산 기호를 약속하는 데 많은 영향을 주었습니다. 예를 들어, 덧셈 기호의 불편한 점을 개선하기 위해 곱셈 기호가 만들어졌고, 이어서 지수, 로그도 생겨났습니다. 또 덧셈을 잘 알고 있으면 뺄셈, 나눗셈, 루트도 쉽게 이해할 수 있습니다. 덧셈을 거꾸로 하는 연산인 뺄셈은 나눗셈과 루트를 약속하는 데 토대를 제공합니다.

연산의 체계

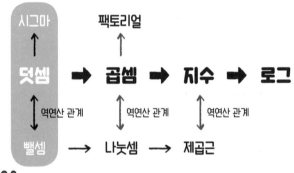

1부에서 살펴볼 연산

덧셈

다음 2가지 상황을 식으로 나타내 봅시다.

Q. 당근 3개를 가진 서하에게 할머니가 당근 2개를 더 주셨어요.
　 서하가 가진 당근은 모두 몇 개입니까?

Q. 서하는 당근 3개, 유주는 도토리 2개를 갖고 있습니다.
　 두 사람이 가진 당근과 도토리는 모두 몇 개입니까?

앞의 두 상황은 모두 덧셈식 3 + 2로 나타낼 수 있습니다. 이처럼 **수학에서는 수나 식이 더해지는 상황을 덧셈 기호 + 를 이용해 식으로 표현합니다. + 기호는 기호 앞뒤의 수를 더하라는 의미를 가지고 있습니다.** 덧셈식을 읽는 방법은 다음과 같습니다.

[식] **3 + 2 = 5**

[읽는 법] **3** 더하기 **2**는 **5**와 같다.

3과 **2**의 합은 **5**와 같다.

+ 기호는 15세기 독일의 수학자 요하네스 비트만이 처음 사용했다고 전해집니다. 비트만은 '그리고(~와)'라는 뜻의 라틴어인 'et'에서 + 기호를 따왔습니다. 처음에는 '1 더하기 2'를 '1 et 2'로 쓰다가 더 간단하게 줄여 쓰기 위해 '1 + 2'로 표시하게 된 것이지요.

1. 덧셈의 법칙

덧셈에는 교환법칙과 결합법칙이 있습니다. 이 법칙은 모든 덧셈식에 직용할 수 있어요. 이 법칙을 이용하면 수학 문제들을 더 쉽고 빠르게 해결할 수 있답니다.

덧셈의 교환법칙

교환(交換)은 '서로 바꾸다'라는 뜻입니다. **덧셈의 교환법칙은 덧셈 기호 앞뒤 숫자의 순서를 바꾸어도 전체 더한 값은 변하지 않는다는 법칙**입니다. 예컨대 3에 5를 더하든, 5에 3을 더하든 결과는 똑같이 8이 되는 것이지요.

$$3 + 5 = 5 + 3$$

$$a + b = b + a$$

덧셈의 결합법칙

둘 이상을 연결해 합하는 것을 결합(結合)이라고 합니다. **덧셈의 결합법칙은 덧셈에서 묶는 순서를 바꾸어서 계산해도 합은 변하지 않는다는 법칙**입니다. 예를 들어 아래와 같은 식이 있을 때 2와 5를 더한 뒤 3을 더한 값이나 3과 2를 먼저 더한 뒤 5를 더한 값이나 같다는 것입니다.

$$3 + (2 + 5) = (3 + 2) + 5$$

$$a + (b + c) = (a + b) + c$$

그럼 덧셈의 법칙을 활용해 문제를 풀어 봅시다.

$$7 + 2 + 3 + 8$$

문제에 주어진 순서대로 7과 2를 더한 값인 9에 3을 더하면 12가 됩니다. 여기에 다시 8을 더하면 답 20을 구할 수 있습니다. 하지만 이때 덧셈의 법칙을 활용하면 더 빠르게 계산할 수 있습니다. 우선 덧셈의 교환법칙을 이용해 덧셈의 순서를 다음과 같이 바꾸어 봅시다.

$$7 + 2 + 3 + 8$$
$$= 7 + 3 + 2 + 8$$

이제 덧셈의 결합법칙을 이용하여 앞의 두 수를 묶어 더하고, 뒤의 두 수를 묶어서 더해 봅시다.

$$(7 + 3) + (2 + 8)$$
$$= 10 + 10$$
$$= 20$$

교환법칙과 결합법칙을 활용하니 숫자를 앞에서부터 순서대로 더하는 것보다 더 쉽게 답을 구할 수 있습니다.

2. 받아올림

앞서 7 + 2 + 3 + 8을 계산하며 우리는 십진법의 체계에 따라 숫자를 묶었습니다. 너무 익숙해서 인식하지 않고 있을 뿐, 우리는 **10마다 수를 묶어 나아가는 십진법** 체계를 사용하고 있습니다. 그래서 같은 자리의 수끼리 더한 값이 10이거나 10보다 클 때 '받아올림'을 하는 것이지요.

십진법은 10을 나타내는 한자 십(十), '나아가다'라는 뜻의 진(進), '방법'을 나타내는 법(法)을 합친 단어입니다. 즉, 10마다 묶어 나아가는 숫자 체계라는 뜻이지요. 8 + 7을 통해 십진법에서의 덧셈 방법을 알아봅시다.

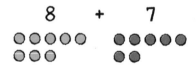

십진법의 덧셈에서 중요한 건 '10개씩 묶어서 세는 것'입니다. 8 + 7을 계산하려면 다음 그림처럼 우선 10개를 묶고, 나머지 낱개의 개수를 구하면 됩니다.

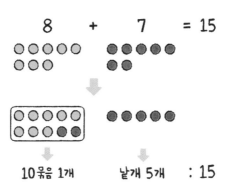

10개가 되면 하나의 묶음으로 만들어 윗자리로 올립니다. 숫자 15는 10묶음이 1개, 낱개가 5개라는 의미입니다. 이와 같이 **덧셈에서 같은 자리의 수끼리의 합이 10 이상일 때 바로 윗자리로 10을 올리는 것을 받아올림이라고 합니다.** 받아올림은 영어로 리그루핑(regrouping)이라고 합니다. 리(re-)는 '다시'를 뜻하고 그루핑(grouping)은 '그룹으로 묶는다.'라는 뜻이니 리그루핑은 '다시 그룹으로 묶는다.'라는 의미입니다. 영어 단어의 뜻을 생각하면 10개씩 다시 묶어 세는 십진법의 원리를 더 선명하게 이해할 수 있습니다.

시그마, 덧셈을 간단하게

Q. 1부터 100까지 모든 자연수의 합을 구하시오.

이 문제를 식으로 어떻게 나타낼까요? 덧셈 기호를 사용한다면 다음과 같이 나타낼 수 있습니다.

$1 + 2 + 3 + 4 + 5 + 6 + 7 + 8 + 9 + 10 + 11 + 12$
$+ 13 + 14 + 15 + 16 + 17 + 18 + 19 + 20 + 21 + 22$
$+ 23 + 24 + 25 + 26 + 27 + 28 + 29 + 30 + 31$
$+ 32 + 33 + 34 + 35 + 36 + 37 + 38 + 39 + 40$
$+ 41 + 42 + 43 + 44 + 45 + 46 + 47 + 48 + 49$
$+ 50 + 51 + 52 + 53 + 54 + 55 + 56 + 57 + 58$
$+ 59 + 60 + 61 + 62 + 63 + 64 + 65 + 66 + 67$

+ 68 + 69 + 70 + 71 + 72 + 73 + 74 + 75 + 76
+ 77 + 78 + 79 + 80 + 81 + 82 + 83 + 84 + 85
+ 86 + 87 + 88 + 89 + 90 + 91 + 92 + 93 + 94
+ 95 + 96 + 97 + 98 + 99 + 100

식을 쓰느라 팔이 조금 아프지만 못할 정도는 아닙니다. 그렇다면 이런 문제들은 어떤가요?

Q. 1부터 1000까지 모든 자연수의 합을 구하시오.

Q. 1부터 10000까지 모든 자연수의 합을 구하시오.

1부터 10000까지 숫자를 일일이 다 쓸 생각을 하니 막막하지요? 수학자들도 그랬습니다. 매번 긴 덧셈식을 다쓸 수는 없었어요. 그래서 만든 것이 바로 '시그마'라는 기호입니다. **시그마는 연속된 수들의 합을 나타낼 때 사용하는 기호로 Σ라고 씁니다.** Σ는 모든 것을 너한 합이라는 뜻의 영어 섬(sum)의 머리글자 s를 그리스어로 쓴 것입니다.

시그마를 이용하면 연속된 수들의 합을 간단하게 표현

할 수 있어요. 예를 들어 '1부터 15까지 자연수의 합'을 시그마를 이용해 나타내면 다음과 같습니다.

$1 + 2 + 3 + 4 + 5 + 6 + 7 + 8 + 9 + 10 + 11 + 12$
$+ 13 + 14 + 15$

$$\sum_{k=1}^{15} k$$

$\sum$ 아래 있는 자연수는 덧셈이 시작되는 수, $\sum$ 위에 있는 자연수는 덧셈이 끝나는 수를 나타냅니다. k에 1부터 15까지의 자연수를 순서대로 넣은 후 모두 더하라는 의미입니다.

3부터 99까지 모든 자연수의 합: $\sum_{k=3}^{99} k$

17부터 1002까지 모든 자연수의 합: $\sum_{k=17}^{1002} k$

$\sum$는 여러 가지 문제에서 다양하게 활용할 수 있어요. 예를 들어, '2부터 11까지 자연수를 각각 2배 한 후 모두 더하면 얼마입니까?'라는 문제를 $\sum$를 이용해 나타내면 아래와 같아요.

$$\sum_{k=2}^{11} 2k$$

이때, $2k$는 '$2 \times k$'에서 $\times$ 기호를 생략한 것이에요. 곱셈식에서 $a, b, x, y\cdots$와 같은 문자나 괄호가 사용된 경우, 곱셈 기호를 생략할 수 있어요. 곱셈 기호 $\times$와 알파벳 x가 혼동될 수 있기 때문이지요. 예를 들어 $2 \times k$는 $2k$로, $a \times (3+5)$는 $a(3+5)$라고 쓸 수 있습니다.

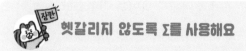

헷갈리지 않도록 Σ를 사용해요

연속된 수의 합을 나타낼 때 과거의 수학자들은 섬(sum)의 머리글자 S를 그대로 사용했어요. 그리스 문자 Σ는 스위스 수학자 레온하르트 오일러가 1755년에 처음 사용하였답니다. 하지만 100년이 넘도록 오일러의 Σ 기호는 수학자들 사이에서 사용되지 않았어요. 그러다 1800년대 수학에서 '적분'이라는 개념이 넓게 사용되면서 Σ 기호가 널리 사용되기 시작했어요. 적분은 도형을 아주 작게 잘라서 더하는 방식으로 넓이를 구하는 방법인데, 적분 기호인 인테그랄을 ∫과 같이 나타냅니다. 알파벳 S를 위아래로 늘린 모양으로 라틴어로 합을 뜻하는 숨마(summa)의 머리글자에서 가져온 것이지요. ∫ 기호가 알파벳 S와 비슷하게 생기다 보니 연속된 수의 덧셈인지 적분을 나타내는 기호인지 헷갈리는 경우가 많아졌어요. 그래서 수학자들은 연속된 수의 합을 구할 때 S 대신 Σ 기호를 사용하기로 하였답니다.

뺄셈, 덧셈을 거꾸로

다음 상황을 식으로 나타내 볼까요?

Q. 토끼는 **5**개의 당근을 가지고 있습니다. 토끼는 그중 **2**개를 다람쥐에게 주었습니다. 토끼에게 남은 당근은 모두 몇 개 입니까?

앞의 두 상황은 모두 뺄셈식 5 − 2로 나타낼 수 있습니
다. 수학에서는 수를 덜어 내는 상황을 뺄셈 기호 −를 이용해 나
타냅니다. − 기호는 기호 앞의 수에서 기호 뒤의 수를 빼라는 의
미를 가지고 있습니다. 뺄셈식을 읽는 방법은 다음과 같습
니다.

[식] **7 − 4 = 3**

[읽는 법] **7** 빼기 **4**는 **3**과 같다.

7과 **4**의 차는 **3**과 같다.

과거 유럽에서는 빼기를 의미하는 영어 단어 마이너스(minus)의 머리글자 m 위에 ~ 표시를 한 m̃이 뺄셈 기호로 사용되었습니다. 이 기호는 16세기 이탈리아 수학자 루카 파치올리가 처음 쓴 것으로 전해집니다. 이후 m 위에 있는 ~를 뺄셈 기호로 사용하다가 지금과 같이 − 모양으로 간단하게 나타내게 되었습니다.

1. 덧셈과 뺄셈의 관계

덧셈과 뺄셈은 역연산 관계에 있습니다. 역연산은 '연산'이라는 단어에 '거꾸로 하다'라는 뜻을 가진 한자 역(逆)을 붙인 말입니다. 이름 그대로 **역연산은 계산한 결과를 계산 전의 수 또는 식으로 되돌아가게 하는, 거꾸로 하는 계산을 뜻합니다.**

예를 들어 5라는 수에 3을 더하면 8이 됩니다. 이때 8을 원래의 수 5로 되돌리려면 어떻게 해야 할까요? 앞서 더했던 3을 빼야겠지요? 이처럼 덧셈에서 원래의 수로 돌아가려면 뺄셈을 해야 합니다.

반대로 8이라는 수에서 3을 뺀 결과 5가 되었을 때, 5를 원래의 수 8로 되돌리려면 도로 3을 더해야 합니다. 뺄셈에서 원래의 수로 돌아가려면 덧셈을 해야 하는 것이지요. 다음의 식이 보여 주듯이 덧셈과 뺄셈은 역연산 관계에 있답니다.

$$5 + 3 = 8$$

$$8 - 3 = 5$$

$$8 = 5 + 3$$

덧셈과 뺄셈의 역연산 관계를 이용하면 덧셈식은 2개
의 뺄셈식으로, 뺄셈식은 2개의 덧셈식으로 나타낼 수 있
습니다.

$$8 + 5 = 13 \begin{cases} 13 - 5 = 8 \\ 13 - 8 = 5 \end{cases}$$

$$12 - 8 = 4 \begin{cases} 8 + 4 = 12 \\ 4 + 8 = 12 \end{cases}$$

2. 받아내림

덧셈이든 뺄셈이든 묶고 푸는 원리는 같습니다. 십진법의 덧셈에서 같은 자리의 수끼리의 합이 10이 되면 하나의 묶음으로 만들어 윗자리로 받아올림을 했습니다. **십진법의 뺄셈에서는 같은 자리의 수끼리 뺄 수 없을 때 바로 윗자리에서 10을 빌려서 계산합니다. 다시 말해 윗자리의 10개 묶음을 풀어 아랫자리로 받아내림을 합니다.**

15 − 9의 계산 과정을 통해 받아내림을 살펴봅시다. 15에서 9를 빼기 위해 낱개부터 하나씩 빼 봅시다.

15의 낱개 5개를 모두 뺐는데도 아직 4개를 더 빼야 합니다. 남아 있는 4개를 빼기 위해 10개짜리 묶음을 풀어 낱개로 만듭니다.

받아내림은 묶음을 풀어 다시 낱개로 만드는 것입니다. 우리말에서는 받아올림과 받아내림을 구분해서 표현하지만 영어로는 같은 말로 표현합니다. '다시 그룹으로 묶는다.'라는 뜻의 리그루핑(regrouping)이라는 말에 '받아올림'과 '받아내림'의 의미가 모두 담겨 있지요. 받아올림이든 받아내림이든 기준이 되는 수에 따라 묶음을 만들었다 푸는 원리는 같다는 것을 기억하세요.

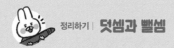

1. 덧셈 기호 +는 기호 앞뒤의 수를 더하라는 의미를 가지고 있습니다.
   덧셈식을 읽는 방법은 다음과 같습니다.

$$[식]\ 3 + 2 = 5$$

   [읽는 법] 3 더하기 2는 5와 같다.

   3과 2의 합은 5와 같다.

2. 덧셈에는 교환법칙과 결합법칙이 있습니다.

   교환법칙 $\ a + b = b + a$

   결합법칙 $\ a + (b + c) = (a + b) + c$

3. 시그마는 연속된 수들의 합을 나타낼 때 사용하는 기호로 $\sum$라고 씁니다.

4. 뺄셈 기호 −는 기호 앞의 수에서 기호 뒤의 수를 빼라는 의미를 가지고 있습니다. 뺄셈식을 읽는 방법은 다음과 같습니다.

$$[식]\ 5 - 2 = 3$$

   [읽는 법] 5 빼기 2는 3과 같다.

   5와 2의 차는 3과 같다.

5. 덧셈과 뺄셈은 역연산 관계에 있습니다. 역연산은 계산한 결과를 계산 전의 수 또는 식으로 되돌아가게 하는, 거꾸로 하는 계산을 뜻합니다.

$$5 + 3 = 8$$

$$8 - 3 = 5$$

$$8 = 5 + 3$$

지금 우리가 사용하고 있는 숫자 체계에서는 0부터 9까지의 수로 받아 올림과 자릿값을 간단히 나타낼 수 있기 때문에 덧셈을 쉽게 할 수 있답 니다. 하지만 받아올림이나 자릿값을 이용할 수 없었던 고대 이집트 사 람들은 덧셈을 너무나 힘들게 했답니다.

고대 이집트 사람들은 상형 문자를 사용했어요. 상형 문자는 물건의 모 양을 본떠 만든 글자라서 글자가 꼭 그림 모양인 것이 많지요. 이집트에 서는 숫자도 상형 문자로 표현했습니다. 다음의 그림들이 고대 이집트의 숫자랍니다.

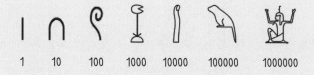

| 1 | 10 | 100 | 1000 | 10000 | 100000 | 1000000 |

1은 막대기를 본떠서 나타낸 그림이에요. 10은 말발굽을 따라 그려서 나 타냈어요. 이집트어에서 말발굽의 발음이 10과 비슷해서 말발굽을 그렸 다고 합니다. 100은 나선 모양인데 말발굽 10개를 묶는 새끼줄을 따라 그린 것이에요. 1000은 연꽃이랍니다. 고대 이집트의 날씨는 지금과 달 리 봄처럼 따뜻했다고 해요. 이집트의 큰 강인 나일강에는 연꽃이 많이 피어 있었는데 고대 이집트 사람들은 강에 핀 연꽃이 1000개 정도라고

생각했다고 합니다. 10000은 하늘의 별을 가리키는 손가락이에요. 무수히 많은 밤하늘의 별이 10000개라고 생각했지요. 100000은 올챙이에요. 나일강에는 개구리가 아주 많았는데 그 개구리 수보다 더 많은 올챙이의 수가 100000이라고 믿었답니다. 1000000은 놀라서 양팔을 벌리는 사람의 모습이에요. 너무 큰 수라 깜짝 놀란 것이지요. 고대 이집트에는 1000000보다 더 큰 수를 표현하는 숫자는 없었습니다. 사회가 지금처럼 발달하기 전이어서 1000000보다 더 큰 수를 사용할 필요가 없었거든요.

그럼 5 + 8을 이집트 숫자로 풀어 볼까요? 5를 이집트 숫자로는 막대기 5개로 나타냅니다. 8은 막대기 8개를 그려야겠지요? 5와 8을 더하면 막대기가 13개가 되므로 10을 나타내는 말발굽 1개와 막대기 3개로 나타낼 수 있습니다.

별로 어렵지 않다고요? 그렇다면 큰 수의 덧셈은 어떨까요? 897 + 569와 같은 덧셈은 계산도 끼다롭지만 숫자를 쓰는 것도 복잡해요. 기호를 몇 번 썼는지 기억하기도 어렵고요. 받아올림을 간단히 나타낼 수 있는 아라비아 숫자에 감사해야겠어요.

2부

곱셈, 다양하게 활용되는 연산

여러분도 신조어를 자주 사용하나요? '열심히 공부하다'는 '열공'으로, 비밀번호는 '비번'으로 간단하게 줄여서 말하는 경우를 흔히 볼 수 있는 데요. 수학에도 이와 같이 긴 연산을 줄여 간단히 나타내기 위해 만들어 진 연산 기호들이 있어요. 더하고 더하고 또 더하다가 지친 사람들이 곱셈 기호를, 빼고 빼고 또 빼다가 지친 사람들이 나눗셈 기호를 만들었습니다. 곱셈과 나눗셈이 생겨난 원리와 다양한 활용 방법을 살펴봅시다.

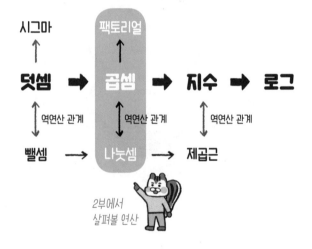

곱셈

다음과 같이 3을 반복해서 더하는 상황이 있습니다.

$$3 + 3 + 3 + 3 + 3 + 3 + 3 + 3 + 3 + 3 + 3 + 3$$

위의 덧셈식에서는 3을 몇 번 더해야 하는지 한눈에 알아보기 어렵습니다. 이러한 불편함을 없애기 위해 **수학자들은 같은 수를 반복해서 더하는 것을 간단하게 나타내는 곱셈 기호를 만들었습니다.** 수학자들은 곱셈 기호를 ×로 약속했습니다. 3 × 12는 3을 열두 번 더한다는 의미입니다.

$3 + 3 + 3 + 3 + 3 + 3 + 3 + 3 + 3 + 3 + 3 + 3$
$= 3 \times 12$

곱셈식을 읽는 방법은 다음과 같습니다.

[식] $3 \times 12 = 36$
[읽는 법] 3 곱하기 12는 36과 같다.
3과 12의 곱은 36과 같다.

긴 덧셈식을 곱셈식 3×12로 바꾸어서 나타내니 3을 몇 번 더해야 하는지 한눈에 알아보기도 쉽고 답도 빠르게 구할 수 있습니다.

스코틀랜드 국기

곱셈 기호는 스코틀랜드 국기에서 유래했다고 전해집니다. 17세기 영국의 수학자 에드워드 라이트가 스코틀랜드 국기를 보고 처음으로 ×를 곱셈 기호로 썼다고 해요.

이후 영국의 수학자 윌리엄 오트레드도 1631년 『수학의 열쇠(Clavis Mathematicae)』라는 책에서 × 기호를 사용하는 등 여러 수학자가 곱셈 기호를 사용하게 되었습니다. 그러나 독일 수학자 고트프리트 라이프니츠는 곱셈 기호가 문자 x와 혼동될 수 있다고 생각해 × 기호 대신 가운뎃점 ·을 써서 곱셈을 나타냈지요.

언제부터 구구단을 외웠을까?

3 + 3 + 3 + 3 + 3 + 3 + 3 + 3 + 3 + 3 + 3 + 3보다 3 × 12의 답을 빠르게 구할 수 있는 것은 여러분이 구구단을 외우고 있기 때문이에요. 곱셈이라는 연산을 유용하게 사용하려면 구구단을 외우는 것이 필수적입니다. 인류는 아주 오래전부터 구구단을 외워 왔답니다. 구구단은 중국에서 처음 만들어진 것으로 알려져 있는데 무려 기원전 3세기경의 유적에서 구구단이 적힌 표가 출토되었나고 해요. 우리 역사에서도 삼국 시대에 이미 **구구단** 표를 사용한 흔적이 있습니다. 조선의 세종대왕이 전국의 관리들에게 구구단을 외우도록 했다는 기록도 있지요.

1. 곱셈의 법칙

곱셈의 법칙을 활용하면 계산을 더 쉽게 할 수 있습니다.

곱셈의 교환법칙

곱셈에서는 × 기호 앞뒤의 순서를 바꿔 계산해도 전체 값이 변하지 않습니다. 이를 곱셈의 교환법칙이라고 합니다.

$$a \times b = b \times a$$

다음 그림의 왼쪽에는 사과가 가로로 3개씩 5줄이 놓여 있습니다. 전체 사과의 양을 구하려면 3개씩 다섯 번 더하는 3 × 5로 계산하면 됩니다. 이 그림을 오른쪽으로 90도 회전시켜 보면 사과가 가로로 5개씩 3줄이 됩니다. 이때 전체의 양은 5개씩 세 번 더하는 5 × 3으로 구할 수 있습니다.

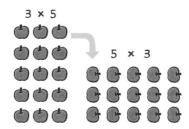

3 × 5

5 × 3

   3 × 5의 순서를 바꾸어 5 × 3으로 계산해도 전체 사과 개수 15는 변하지 않습니다. 이러한 특징을 활용하면 계산을 좀 더 빠르고 편하게 할 수 있습니다. 예를 들어 17 × 111이라는 식이 주어졌다고 해 봅시다. 순서대로 계산하려니 과정이 복잡합니다. 이런 경우 교환법칙을 적용해 111 × 17로 계산하면 계산 과정이 간단해집니다.

$$
\begin{array}{r}
17 \\
\times\,111 \\
\hline
17 \\
17 \\
17 \\
\hline
1887
\end{array}
\qquad
\begin{array}{r}
111 \\
\times\ \ 17 \\
\hline
777 \\
111 \\
\hline
1887
\end{array}
$$

➡

곱셈의 결합법칙

곱셈식에서는 묶는 순서를 바꾸어서 계산해도 결과가 같습니다. 이를 곱셈의 결합법칙이라고 합니다. 2 × 3 × 5라는 식에서 앞의 두 수를 묶어 (2 × 3) × 5로 계산한 값과, 뒤의 두 수를 묶어 2 × (3 × 5)로 계산한 값은 같습니다.

$$(a \times b) \times c = a \times (b \times c)$$

다음 그림을 통해 곱셈의 교환법칙이 어떻게 성립하는지 살펴봅시다.

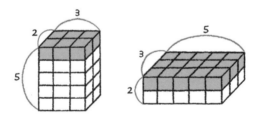

두 입체 도형의 블록 개수를 세어 볼까요? 왼쪽 입체

도형에서 색칠한 블록 개수는 2 × 3개입니다. 2 × 3개가 5층으로 쌓여 있으니 전체 개수는 (2 × 3) × 5를 계산해 구할 수 있습니다.

오른쪽 입체 도형에서 색칠한 블록 개수는 3 × 5개입니다. 3 × 5개가 두 번 겹쳐져 있으니 전체 개수는 2 × (3 × 5)를 계산하면 됩니다. 두 입체 도형은 같은 개수의 블록으로 이루어져 있습니다. 어느 쪽으로 블록을 세기 시작해도 전체 블록의 개수는 같습니다. 따라서 (2 × 3) × 5와 2 × (3 × 5)의 결과는 같다는 것을 알 수 있습니다.

곱셈의 결합법칙을 활용해 19 × 5 × 2를 계산해 봅시다. 19 × 5보다는 5 × 2의 계산이 간편합니다. 따라서 결합법칙을 적용해 19 × (5 × 2)로 계산하면 간단하게 답을 구할 수 있습니다.

$$(19 \times 5) \times 2 \qquad\qquad 19 \times (5 \times 2)$$
$$= 95 \times 2 \qquad\Rightarrow\qquad = 19 \times 10$$
$$= 190 \qquad\qquad\qquad = 190$$

덧셈에 대한 곱셈의 분배법칙

두 수의 합에 어떤 수를 곱한 값은 두 수에 각각 어떤 수를 곱해 더한 값과 같습니다. 이를 덧셈에 대한 곱셈의 분배법칙이라고 합니다. 예를 들어 5 × (2 + 3)라는 식이 있을 때, 2와 3에 각각 5를 곱해 (5 × 2) + (5 × 3)으로 계산해도 값은 같습니다.

$$a(b + c) = ab + ac$$

어떻게 이러한 계산이 가능한지 그림을 통해 알아봅시다. 그림에서 버섯은 2개씩 5줄, 피망은 3개씩 5줄이 있습니다. 버섯과 피망을 합쳐 모두 몇 개인지 구해 봅시다.

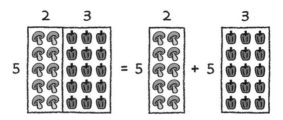

버섯과 피망을 한꺼번에 계산하면 왼쪽 그림과 같이 $5 \times (2 + 3)$으로 계산할 수 있습니다. 1줄에 버섯 2개와 피망 3개가 있으니 1줄을 $(2 + 3)$으로 표현할 수 있습니다. $(2 + 3)$이 총 5줄 있으니 전체 개수는 $5 \times (2 + 3)$이 되는 것이지요.

이번에는 버섯과 피망 개수를 따로 구해서 더해 봅시다. 버섯은 2개씩 5줄이 있으니 전체 버섯의 개수는 (5×2)가 됩니다. 피망은 3개씩 5줄이 있으니 전체 피망 개수는 (5×3)입니다. 이때 버섯과 피망을 더한 값은 $(5 \times 2) + (5 \times 3)$입니다. 어떤 식으로 계산하든 결과 값이 같다는 것을 알 수 있습니다.

$$5 \times (2 + 3) = 25$$
$$(5 \times 2) + (5 \times 3) = 25$$

이처럼 덧셈에 대한 곱셈의 분배법칙을 이용하면 복잡한 계산을 쉽게 할 수 있습니다. 23×101을 계산해 볼까요? 23에 101을 바로 곱해도 되지만, 101을 $100 + 1$로 바꾸어 생각해 봅시다. 이 경우 식을 23×101이 아니라 $23 \times (100 + 1)$로 표현할 수 있습니다. 분배법칙을 적용하여 계산하면 다음과 같이 간단하게 계산할 수 있습니다.

$$
\begin{aligned}
23 & \times 101 \\
&= 23 \times (100 + 1) \\
&= (23 \times 100) + (23 \times 1) \\
&= 2300 + 23 \\
&= 2323
\end{aligned}
$$

2. 배수와 인수

2배, 3배라는 말을 들어 보았지요? 어떤 수에 2를 곱하는 것을 2배, 3을 곱하는 것을 3배라고 합니다. 이때 어떤 수에 2를 곱해 나온 수를 '배수'라고 해요. 배수는 '곱하다'라는 뜻의 한자 배(倍)를 써서 '곱해서 얻어지는 수'를 의미합니다.

5를 1배한 수는 5에 1을 곱한 5입니다. 5를 2배한 수는 5에 2를 곱한 10이고, 5를 3배한 수는 5에 3을 곱한 15입니다. 이와 같이 5를 1배, 2배, 3배, 4배…한 수들을 5의 배수라고 합니다. 5에 곱할 수 있는 수는 무수히 많습니다. 따라서 5의 배수는 끝없이 존재합니다.

5의 1배 5×1
5의 2배 5×2
5의 3배 5×3
5의 4배 5×4
$\vdots$

15라는 숫자를 살펴봅시다. 5 × 3 = 15이니 15는 5의 배수가 됩니다. 곱셈의 교환법칙에 따라 3 × 5 = 15라고도 쓸 수 있기 때문에 15는 3의 배수이기도 합니다.

$$5 \times 3 = 15 \rightarrow 15는\ 5의\ 배수$$
$$3 \times 5 = 15 \rightarrow 15는\ 3의\ 배수$$

반대로 15라는 숫자를 기준으로 보면 3과 5는 15를 만든 원인이 되는 수입니다. 이런 수를 '인수'라고 해요. 인수에서 인(因) 자는 원인, 유래를 나타내는 한자입니다.

5, 3의 배수

$$5 \times 3 = 15$$

15의 인수

그런데 15의 인수는 3과 5뿐일까요? 자연수 중에 곱셈을 통해 15를 만들 수 있는 수를 생각해 봅시다. 3 × 5도 있지만 1 × 15 또한 15가 됩니다. 따라서 15는 1, 3, 5, 15의 배수가 되고, 1, 3, 5, 15는 15의 인수가 됩니다.

3. 넓이 구하기

도형의 넓이를 구할 때에도 곱셈 개념이 사용됩니다. 넓이를 이해하기 위해 우선 길이의 개념부터 확인해 봅시다. 자를 사용해서 다음 연필의 길이를 구해 볼까요?

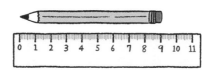

그림 속 연필의 길이는 9cm입니다. 9cm는 1cm 길이가 아홉 번 들어간다는 것을 의미합니다. 즉, 길이를 측정하는 것은 전 세계가 공통적으로 약속한 '1cm'라는 길이의 기본 단위가 몇 번 들어가는지 확인하는 과정을 뜻합니다.

그렇다면 넓이는 어떻게 측정할까요? 길이를 측정하기 위해 1cm라는 기본 단위를 사용하듯 넓이를 측정하기 위해서는 '1cm²(제곱센티미터)'와 같은 넓이의 기본 단위를 사용합니다. 1cm²가 넓이를 측정하고자 하는 영역에 몇 번 들어가는지를 확인하는 것이지요.

한 변의 길이가 5cm인 아래 정사각형을 예로 살펴볼까요? 이 정사각형 안에는 기본 단위인 1cm²가 5개씩 5줄 들어갑니다. 따라서 전체 개수를 5 × 5로 구할 수 있지요. 한 변의 길이가 5cm인 정사각형의 넓이는 25cm²입니다.

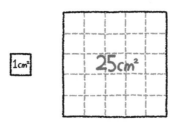

이처럼 사각형의 넓이는 곱셈식을 적용하여 아래와 같이 계산합니다.

사각형의 넓이
= (가로의 길이) × (세로의 길이)

② 경우의 수

'복권에 1등으로 당첨될 확률은 얼마일까?'

어떤 일이 일어날 가능성을 확률이라고 합니다. 확률을 구하는 데 곱셈이 사용되기도 합니다. 곱셈으로 확률을 구하려면 우선 '경우의 수'를 구하는 방법을 알아야 해요.

'비가 올 경우 소풍은 못 간다.'처럼 경우는 어떤 일이 일어나는 상황이나 조건을 일컫는 말입니다. **경우의 수는 예상되는 상황의 개수입니다.** 예를 들어, 내일 현장 학습을 가기로 계획되어 있습니다. 그런데 비가 올 경우, 현장 학습은 다음 주로 연기됩니다. 이때 경우의 수는 2입니다.

[경우 1] 비가 안 옴: 현장 학습을 감.

[경우 2] 비가 옴: 현장 학습이 연기됨.

세상에는 비가 오거나 안 오는 것보다 더 복잡하고 다양한 경우의 수가 있습니다. 수학자들은 곱셈을 통해 이를 쉽게 계산하는 방법을 생각해 냈답니다.

1. 2가지 사건이 동시에 일어날 때

2가지 이상의 사건이 동시에 또는 연달아 일어나는 경우, 각각의 사건이 일어나는 경우의 수를 곱하면 전체 경우의 수를 구할수 있습니다. 이를 곱의 법칙이라고 합니다.

즉, 첫 번째 사건이 일어날 경우의 수가 m이고 두 번째 사건이 일어날 경우의 수가 n일 때, 전체 경우의 수는 $m \times n$이 됩니다. 동전을 예로 들어 생각해 봅시다. 하나의 동전을 던져서 나올 수 있는 경우의 수는 몇인가요? 동전에는 그림면과 숫자면 2가지가 있으니 하나의 동전을 던져 나올 수 있는 경우의 수는 2입니다.

[경우 1]　　[경우 2]

그림면　　숫자면

그렇다면 동전 2개를 동시에 던졌을 때 그림면과 숫자

면이 나오는 경우의 수는 어떻게 알 수 있을까요? 우선 실제 동전을 놓고 확인해 보는 방법이 있겠지요. 2개의 동전을 던질 경우 전체 경우의 수는 다음과 같이 4가 됩니다.

그런데 모든 경우의 수를 실제로 일일이 확인할 수는 없습니다. 예를 들어 동전 100개를 던졌을 때의 경우의 수를 일일이 세어 보는 것은 너무 어렵겠지요. 이럴 때 곱셈을 이용하면 됩니다.

우선 곱셈을 적용하는 원리를 살펴봅시다. 동전 2개를 던져 나오는 경우의 수 문제로 돌아가 볼게요. 2개의 동전을 던지는 순서대로 1번 동전, 2번 동전이라고 합시다.

1번 동전을 던져 나올 수 있는 경우는 숫자면과 그림면 2 가지이므로 경우의 수는 2입니다. 1번 동전이 숫자면이 나올 경우, 2번 동전은 숫자면, 그림면 2가지가 나올 수 있습니다. 한편, 1번 동전이 그림면이 나올 경우에도, 2번 동전은 숫자면, 그림면 2가지가 나올 수 있습니다. 이 상황을 그림으로 나타내면 아래 수형도와 같습니다. 수형도는 나무처럼 가지를 뻗어 가는 모양의 그림으로 경우의 수를 구할 때 주로 사용됩니다.

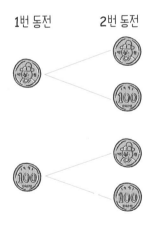

2번 동전의 경우의 수는 1번 동전의 경우의 수만큼 반

복됩니다. 따라서 2번 동전의 경우의 수 2를 1번 동전의 경우의 수만큼 반복해서 더하면 전체 경우의 수를 알 수 있습니다. 그런데 반복해서 더하는 것은 곱셈으로 표현할 수 있습니다. 따라서 동전 2개를 던졌을 때 경우의 수는 2 × 2로 나타낼 수 있습니다.

(1번 동전을 던졌을 때 경우의 수) × (2번 동전을 던졌을 때 경우의 수)
= 2 × 2

아직 조금 헷갈리나요? 그렇다면 동전 3개를 던져 나올 수 있는 경우의 수를 함께 구해 봅시다. 앞에서 2개의 동전을 던졌을 때 얻게 되는 경우의 수는 4라는 것을 확인했습니다. 마지막 3번 동전을 던지면 숫자면, 또는 그림면 2가지 경우가 나오겠지요? 3번 동전의 경우의 수 2는 1, 2번 동전을 던져 나오는 경우의 수 4만큼 반복될 겁니다. 따라서 2 × 4로 나타낼 수 있습니다. 이때, 4는 1, 2번 동전을 던져 나오는 경우의 수를 곱한 것이니 2 × 2라고 쓸 수 있지요. 따라서 동전 3개를 던졌을 때 경우의 수는 2 × 2 × 2로 계산할 수 있습니다.

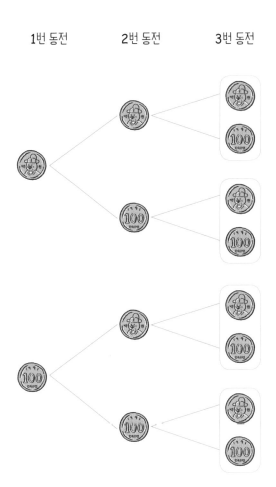

그렇다면 동전 5개를 던져 동전의 숫자면과 그림면이 나오는 경우의 수는 어떻게 구할 수 있을까요? 동전 5개 각각의 경우의 수를 모두 곱한 $2 \times 2 \times 2 \times 2 \times 2$가 됩니다.

같은 방법으로 주사위 2개를 던져 나올 수 있는 경우의 수를 구해 볼까요? 주사위 1개를 던졌을 때 나오는 경우의 수는 '1, 2, 3, 4, 5, 6' 6가지입니다. 따라서 주사위 2개를 동시에 던질 경우 아래와 같이 계산해야겠지요.

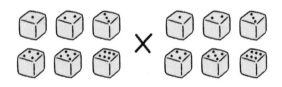

(1번 주사위를 던졌을 때 경우의 수) × (2번 주사위를 던졌을 때 경우의 수)
$= 6 \times 6$

 **덧셈과 경우의 수**

2가지 이상의 일이 동시에 일어나지 않을 때에는 덧셈을 이용해 경우의 수를 구할 수 있습니다. 이를 '합의 법칙'이라고 합니다.

예를 들어, 주머니 안에 파란 공 3개와 빨간 공 2개가 있습니다. 5개의 공 중 1개를 고를 때 파란 공 또는 빨간 공을 고르는 경우의 수는 3 + 2, 즉 5가 됩니다.

2. 순서대로 고를 때

전체 중에 몇 개를 골라 순서를 고려해 나열한 경우의 수를 순열이라고 합니다. 예를 들어 5명의 학생 중 2명의 학생을 차례대로 회장과 부회장으로 뽑는다고 할 때, 경우의 수를 생각해 봅시다. 5명의 학생이 모두 회장이 될 수 있으니 회장을 뽑는 경우의 수는 5입니다.

[경우 1]   [경우 2]   [경우 3]   [경우 4]   [경우 5]

그런데 회장이 된 학생은 부회장이 될 수 없습니다. 따라서 부회장을 뽑는 경우의 수는 4입니다.

회장　　[경우 1]　　[경우 2]　　[경우 3]　　[경우 4]

회장과 부회장을 뽑는 것은 연달아 일어나는 일이므로 전체 경우의 수는 다음과 같이 구할 수 있습니다.

(회장을 뽑는 경우의 수) × (부회장을 뽑는 경우의 수)
= 5 × 4

이처럼 순열을 구할 때에는 순서를 정하게 되면 제외해야 하는 상황을 고려해 경우의 수를 구해야 합니다. 순열은 영어로 퍼뮤테이션(permutation)이라고 합니다. 영어 단어의 머리글자를 따서 기호 P로 나타냅니다. $_nP_r$의 형

식으로 쓰는데, '순서를 고려해 n개 중에 r개를 고르는 경우의 수'로 이해하면 됩니다.

$_nP_r$ 순서를 고려해 n개 중에 r개를 고르는 경우의 수

$_5P_2$ 순서를 고려해 **5**개 중에 **2**개를 고르는 경우의 수

$_{10}P_4$ 순서를 고려해 **10**개 중에 **4**개를 고르는 경우의 수

순열을 구하는 방법은 P 앞에 있는 전체 개수(n)에서 시작해 1개씩 뺀 숫자를 P 뒤에 있는 선택하는 숫자 개수(r)만큼 곱해 나가는 것입니다. 즉, $_5P_2$는 다음과 같이 구할 수 있지요.

$$_5P_2 = 5 \times (5 - 1) = 5 \times 4 = 20$$

같은 방법으로 $_{10}P_4$를 구하면 다음과 같습니다.

$$\begin{aligned}
_{10}P_4 &= 10 \times (10 - 1) \times (10 - 1 - 1) \times (10 - 1 - 1 - 1) \\
&= 10 \times 9 \times 8 \times 7 \\
&= 5040
\end{aligned}$$

3. 순서 없이 고를 때

전체 중에 순서에 관계없이 몇 개를 선택하는 경우의 수를 조합이라고 합니다. 예를 들어, 5명의 학생 중 2명의 학생을 대표로 뽑는 경우를 생각해 봅시다. 대표 2명을 뽑는 것이니 같은 학생을 두 번 뽑을 수는 없습니다. 그러니 1번 대표를 뽑을 때 경우의 수는 5이고, 2번 대표를 뽑을 때 경우의 수는 4가 됩니다. 두 경우를 함께 계산하면 5 × 4가 되겠네요. 그렇다면 앞에서 회장과 부회장을 뽑았을 때와 경우의 수가 같게 됩니다.

그런데 여기서 생각해 볼 점이 하나 있습니다. 회장, 부회장과 달리 대표 2명은 서로 구분이 되지 않습니다. 즉, 다음 페이지의 그림이 보여 주는 2가지 경우는 같은 학생 2명이 대표가 되었으므로 같은 경우로 보아야 합니다. 따라서 2가지 경우 중 하나를 제외해야 전체 경우의 수를 정확하게 구할 수 있습니다. 선택하는 경우의 수로 나누어 주면 중복되는 경우를 제외할 수 있습니다.

[경우 1]

[경우 2]

(1번 대표를 뽑는 경우의 수) × (2번 대표를 뽑는 경우의 수)
÷ (선택하는 경우의 수)
= 5 × 4 ÷ 2

조합은 영어로 콤비네이션(combination)이라고 합니다. 영어 단어의 머리글자를 따서 기호로 C라고 쓰지요. $_nC_r$의 형태로 쓰는데 '순서에 관계없이 n개 중에 r개를 고르는 경우의 수'로 이해하면 됩니다.

$_nC_r$ 순서에 관계없이 n개 중에 r개를 고르는 경우의 수

$_5C_2$ 순서에 관계없이 5개 중에 2개를 고르는 경우의 수

$_{10}C_4$ 순서에 관계없이 10개 중에 4개를 고르는 경우의 수

조합은 순열과 같은 방법으로 경우의 수를 구한 후, 선택하는 경우의 수로 나누어 구합니다. 즉, C 앞에 있는 전체 개수(n)에서 시작해 1씩 뺀 숫자를 C 뒤에 있는 선택하는 숫자 개수(r)만큼 곱해 나간 다음에, 이를 선택하는 경우의 수로 나누는 것이지요. 예를 들어 $_5C_2$와 $_{10}C_4$는 다음과 같이 구할 수 있습니다.

$_5C_2$

$= \{5 \times (5 - 1)\} \div (2 \times 1)$

$= (5 \times 4) \div (2 \times 1)$

$= 10$

$_{10}C_4$

$= \{10 \times (10 - 1) \times (10 - 1 - 1) \times (10 - 1 - 1 - 1)\}$

$\quad \div (4 \times 3 \times 2 \times 1)$

$= (10 \times 9 \times 8 \times 7) \div (4 \times 3 \times 2 \times 1)$

$= 210$

팩토리얼, 곱셈을 간단하게

앞에서 살펴본 시그마는 연속된 수들의 합을 구하라는 기호입니다. 이와 비슷하게 연속된 수들의 곱을 나타내는 기호가 있답니다. 팩토리얼이라고 불리는 이 기호는 !라고 씁니다.

시그마는 3부터 5까지의 합($\sum\limits_{k=3}^{5} k$), 11부터 99까지의 합($\sum\limits_{k=11}^{99} k$)과 같이 시작하는 수와 끝나는 수를 정할 수 있는 반면 **팩토리얼은 1부터 정해진 수까지의 곱을 의미합니다.** 예를 들어 6!은 1부터 6까지 자연수를 차례로 곱한 것입니다.

$$1! = 1 \times 1$$
$$2! = 1 \times 2$$
$$3! = 1 \times 2 \times 3$$
$$4! = 1 \times 2 \times 3 \times 4$$
$$5! = 1 \times 2 \times 3 \times 4 \times 5$$
$$6! = 1 \times 2 \times 3 \times 4 \times 5 \times 6$$
$$\vdots$$

처음 팩토리얼의 개념을 생각한 것은 인도의 철학자와 수학자 들이라고 합니다. 13세기 인도의 문서를 보면 '1부터 15까지 자연수의 곱'과 같은 설명이 등장합니다. 인도 수학자들은 앞서 살펴본 순열 계산을 간단하게 설명하기 위해 팩토리얼의 개념을 사용했지요. 하지만 누가 그 개념을 처음 사용했는지는 알 수 없습니다. 덧셈, 뺄셈의 개념을 누가 처음 만들었는지 알 수 없는 것처럼요. 다만 팩토리얼 기호 !는 1808년 프랑스 수학자 크리스티앙 크람프가 처음 사용했다고 알려져 있습니다.

4

나눗셈, 곱셈을 거꾸로

나눗셈은 일상생활에서 가장 많이 사용하는 연산 중 하나입니다. 가족들과 피자를 나누어 먹을 때, 친구들에게 간식을 나누어 줄 때 나눗셈이 사용되지요. 그런데 우리가 '똑같이 나눌 때' 사용하는 나눗셈은 사실 뺄셈과도 밀접한 관련이 있답니다. 나눗셈은 '똑같이 나눌 때'뿐만 아니라 '똑같은 수를 반복해서 뺄 때'에도 사용되거든요. 같은 수를 여러 번 더하는 덧셈의 불편함을 없애기 위해 곱셈 기호를 만든 것과 비슷하지요. '나누기'와 '반복해서 빼기'라는 2가지 의미를 가지고 있는 나눗셈에 대해 알아봅시다.

1. 반복해서 빼기

우선 뺄셈을 토대로 나눗셈을 생각해 봅시다. **전체에서 똑같은 개수씩 반복해서 빼는 횟수를 구하는 상황을 나눗셈으로 표현할 수 있습니다.**

12개의 도토리를 4개씩 빼서 나누어 주려고 합니다. 이 때 총 몇 번을 뺄 수 있는지 구하는 것이 나눗셈입니다. 나눗셈은 기호 ÷를 이용해 나타냅니다. 즉, 12 ÷ 4는 '12에서 4를 반복해서 빼면 몇 번 뺄 수 있는가'라는 뜻입니다.

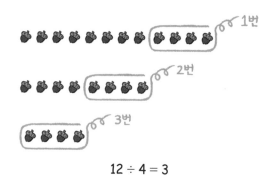

$$12 \div 4 = 3$$

그렇다면 13 ÷ 4는 어떻게 계산할 수 있을까요?

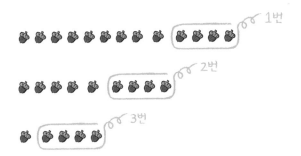

13에서 4를 반복해서 세 번 빼니 1개가 남고 더 이상 뺄 수가 없습니다. 이를 식으로 나타내면 다음과 같습니다.

$$13 \div 4 = 3 \cdots 1$$

$13 \div 4 = 3 \cdots 1$에서 3을 나눗셈의 몫이라고 하고, 1을 나머지라고 합니다. 나눗셈식은 다음과 같이 읽습니다.

[식] $13 \div 4 = 3 \cdots 1$

[읽는 법] 13을 4로 나눈 몫은 3이고 나머지는 1과 같다.

2. 똑같이 나누기

나눗셈은 '똑같이 나눈다.'라는 의미도 가지고 있습니다. 예를 들어, 피자 1판을 8명이 똑같이 나누어 먹으려고 할 때 1명이 먹는 피자의 양은 1 ÷ 8로 구할 수 있습니다. 1명이 먹게 되는 양은 전체 피자의 $\frac{1}{8}$입니다. 따라서 나눗셈식은 다음과 같이 분수로 나타낼 수 있습니다.

$$1 \div 8 = \frac{1}{8}$$

나눗셈식에서 나누어지는 수는 분자에, 나누는 수는 분모에 적습니다.

$$a \div b = \frac{a}{b}$$

여러 가지 수의 나눗셈을 이해하기 위해서는 나눗셈을

뺄셈과도 연결 지어 생각해야 하고, 분수와도 연결 지어 생각해야 합니다. 예를 들어, 2 ÷ 7라는 식이 있을 때, 2에 7이 몇 번 들어가는지 계산하는 것은 어렵습니다. 이럴 때는 분수와 연결 지어 '피자 2판을 7조각으로 나누면 1조각은 얼마인가?'라고 생각하면 훨씬 이해가 쉬워집니다.

반면 $\frac{3}{4} \div \frac{1}{4}$과 같은 분수의 나눗셈에서는 '$\frac{3}{4}$에는 $\frac{1}{4}$이 몇 번 들어가는가?'로 생각하면 쉽게 답을 구할 수 있습니다.

나눗셈 기호는 17세기 스위스의 수학자 요한 하인리히 라안이 처음 사용했습니다. 나눗셈을 분수로 나타낼 때의 모양에서 힌트를 얻어 기호를 만들었지요. 그런데 전 세계 사람들이 똑같은 덧셈, 뺄셈, 곱셈 기호를 사용하는 것과는 달리 나눗셈 기호는 나라별로 차이가 있습니다. 우리나라와 일본, 미국, 영국 등은 ÷를 사용하지만 ÷대신에 분수로 나타내거나 :를 사용하는 나라들도 있습니다. 그 이유는 ÷와 :가 초등학교 수학 단계에서만 사용되기 때문이지요. 초등학교 수학 이후에는 나눗셈을 $\frac{a}{b}$ 또는 a/b와 같은 분수 형태로 나타냅니다.

3. 곱셈과 나눗셈의 관계

곱셈과 나눗셈은 서로 역연산 관계에 있습니다. 곱셈을 계산한 결과를 계산 전으로 되돌리려면 나눗셈을 해야 하고, 반대로 나눗셈을 계산한 결과를 계산 전으로 되돌리기 위해서는 곱셈을 해야 합니다.

예를 들어 8이라는 수에 4를 곱하면 32가 됩니다. 이때 32를 계산 전의 수인 8로 되돌리려면 4로 나누어야 하지요.

$$8 \times 4 = 32$$

$$32 \div 4 = 8$$

4. 나누어떨어지게 하는 수

어떤 수를 나머지 없이 나누어떨어지게 하는 수를 약수라고 합니다. 약수에서 약(約)은 '묶다'라는 뜻을 갖고 있어요. 다시 말해 약수는 '어떤 수를 나머지 없이 똑같이 묶는 수'라는 의미로 이해하면 좋아요. 그럼, 사과 6개를 묶어 볼까요?

우선 사과 6개를 한꺼번에 묶는 방법이 있습니다. 6개씩 묶으면 남는 사과, 즉 나머지가 없습니다.

5개씩 묶으면 나머지가 1개,

4개씩 묶으면 나머지가 2개가 됩니다.

3개씩 묶으면 2묶음이 나오고 나머지가 없습니다.

2개씩 묶으면 3묶음이 나오고 나머지가 없고,

1개씩 묶을 때도 나머지가 없습니다.

따라서 사과 6개를 나머지 없이 묶을 수 있는 수는 1, 2, 3, 6입니다. 이때 1, 2, 3, 6은 6의 약수가 됩니다.

여기서 잠깐 곱셈의 내용으로 돌아가 볼게요. 배수와 인수를 이야기하면서 어떤 수의 원인이 되는 수를 인수라고 했습니다. 예를 들어 6이라는 숫자를 생각해 보면 $1 \times 6 = 6$, $2 \times 3 = 6$이므로 6은 1, 2, 3, 6의 배수이며 1, 2, 3, 6은 6의 인수라고 할 수 있지요.

그런데 나눗셈을 통해 보니 6의 약수인 1, 2, 3, 6은 곧 6의 인수이기도 합니다. 그 이유는 약수와 인수가 같기 때문입니다. 다만 곱셈을 중심으로 설명할 때는 인수, 나눗셈을 중심으로 설명할 때에는 약수라고 합니다.

$$6 \div \boxed{1} = 6 \cdots 0$$
$$6 \div \boxed{2} = 3 \cdots 0$$
$$6 \div \boxed{3} = 2 \cdots 0$$
$$6 \div \boxed{6} = 1 \cdots 0$$

약수

$$\boxed{2} \times \boxed{3} = 6$$
$$\boxed{1} \times \boxed{6} = 6$$

인수

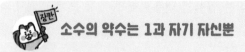

소수의 약수는 1과 자기 자신뿐

2, 3, 5, 7…과 같이 약수가 1과 자기 자신만 있는 자연수를 '소수'라고 합니다. 소수의 소(素)는 '희다'를 의미합니다. 소수는 흰 바탕이 되는 수, 즉 다른 수들을 만들어 내는 근본이 된다는 의미를 가지고 있습니다. 소수가 바탕이 되는 이유는 소수의 곱으로 다른 자연수를 나타낼 수 있기 때문입니다.

예를 들어, 45는 15 × 3으로 나타낼 수 있습니다. 15는 3과 5의 곱이기 때문에 45를 다시 5 × 3 × 3으로 바꾸어 쓸 수 있지요. 이때 5와 3은 1과 자기 자신만을 약수로 가지는 소수입니다. 45를 5 × 3 × 3과 같이 소수의 곱으로 나타내는 것을 '소인수분해'라고 합니다. 5와 3은 45의 약수이지만 5 × 3 × 3과 같이 곱셈식으로 나타낼 때는 '인수'라는 다른 이름으로 부르지요. 소수인 인수의 곱으로 나타내기 때문에 소인수분해라는 이름을 붙였어요.

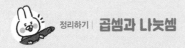

1. 곱셈 기호 ×는 같은 수를 반복해서 더하라는 의미를 가지고 있습니다. 아래와 같이 긴 덧셈식을 간단한 곱셈식으로 바꿀 수 있습니다.

$$3 + 3 + 3 + 3 + 3 + 3 + 3 + 3 + 3 + 3 + 3 + 3$$
$$= 3 \times 12$$

곱셈식을 읽는 방법은 다음과 같습니다.

[식] $3 \times 12 = 36$
[읽는 법] 3 곱하기 12는 36과 같다.
3과 12의 곱은 36과 같다.

2. 곱셈에는 교환법칙, 결합법칙, 덧셈에 대한 분배법칙이 있습니다.

교환법칙 $a \times b = b \times a$
결합법칙 $(a \times b) \times c = a \times (b \times c)$
덧셈에 대한 분배법칙 $a(b + c) = ab + ac$

3. 곱셈은 수의 계산뿐 아니라 도형의 넓이, 경우의 수를 구하는 문제에 도 활용됩니다.

4. 팩토리얼은 1부터 정해진 수까지의 곱을 의미하는 기호로 !라고 씁니다.

5. 곱셈과 나눗셈은 역연산 관계에 있습니다. 나눗셈 기호 ÷에는 '같은 수를 여러 번 반복해서 빼는 횟수' '어떤 양을 똑같이 나누는 것' 이렇게 2가지 의미가 있습니다.

나눗셈식을 읽는 방법은 다음과 같습니다.

[식] $13 \div 4 = 3 \cdots 1$
[읽는 법] 13을 4로 나눈 몫은 3이고 나머지는 1과 같다.

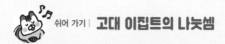

쉬어 가기 | 고대 이집트의 나눗셈

다음은 세계에서 가장 오래된 수학책으로 알려져 있는 이집트의 『린드 파피루스』입니다.

1858년 영국 고고학자 헨리 린드가 나일강 근처에서 이 파피루스를 발견했지요. 『린드 파피루스』에는 고대 이집트 사람들의 다양한 수학 지식이 적혀 있습니다. 이집트에서는 나라를 운영하기 위해 수학을 발전시켰답니다. 하나의 예로 피라미드 건설에 동원된 노동자들에게 월급으로 보리 등의 곡식을 지급했는데, 곡식을 잘 분배하기 위해 나눗셈을 활용했지요.

그런데 당시 이집트 사람들이 만든 나눗셈은 지금 우리의 나눗셈과는 다

릅니다. 예를 들어 512 ÷ 26을 계산한다고 해 봅시다. 일반적으로 알고 있는 계산식을 활용하면 이런 결과를 얻을 수 있어요.

$$512 \div 26 = 19 \cdots 18$$
몫은 19, 나머지는 18

이번에는 같은 식을 이집트 방식으로 계산해 볼게요. 이집트 사람들은 우선 26에 2를 거듭 곱해 나가면서 2배, 4배, 8배, 16배와 같이 배수를 찾았어요. 이집트 사람들은 3배, 5배 같은 배수까지는 정확하게 찾지 못하고, 2를 곱하는 방식으로 배수를 찾았습니다.

$$512 \div 26$$

26의 1배	$26 \times 1 = 26$
26의 2배	$26 \times 2 = 52$
26의 4배	$52 \times 2 = 104$
26의 8배	$104 \times 2 = 208$
26의 16배	$208 \times 2 = 416$

416에 2를 곱하면 512를 넘기 때문에 416에서 배수 찾기를 멈춥니다. 그리고 마지막 수인 416이 512가 되려면 어떤 수가 필요한지 26의 배수 중에서 찾아 하나씩 계산합니다.

우선 416이 512가 되려면 96이 더 필요합니다.

$416 + 96 = 512$

(26의 16배) $+ 96 = 512$

26의 배수 중 96에 가까운 수는 52입니다.

$416 + 52 + 44 = 512$

(26의 16배) $+$ (26의 2배) $+ 44 = 512$

44에 가까운 수는 26입니다.

$416 + 52 + 26 + 18 = 512$

(26의 16배) $+$ (26의 2배) $+$ (26의 1배) $+ 18 = 512$

그래도 여전히 18이 필요합니다. 그런데 26의 배수 중에는 18이 없기 때문에 계산을 멈춥니다. 따라서 512는 26을 열아홉 번(16배 + 2배 + 1배) 더하고도 18개가 남는다고 이해하면 됩니다. 정리하면 512 ÷ 26의 몫은 19이고 나머지는 18이 되지요.

3부

지수, 간단하게 나타내는 연산

반복적으로 더하는 것을 간단히 나타내기 위해 곱셈 기호가 만들어졌습니다. 여러 번 빼는 상황도 나눗셈 기호를 이용하면 짧은 식으로 나타낼 수 있지요. 그렇다면 같은 수를 여러 번 곱하는 것은 어떨까요? 반복해서 곱하기를 하다 지친 사람들은 '지수'라는 것을 만들었답니다. 또지수를 이용해 같은 수를 곱하기 전의 상태로 수를 되돌리는 '제곱근'도생각해 냈지요.

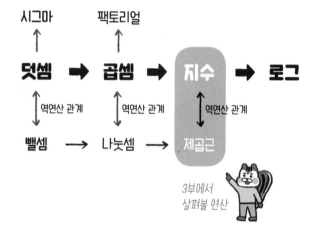

지수

같은 계산을 반복해서 하는 것만큼 수학자들을 괴롭게 하는 것도 없는 모양입니다. 같은 수를 반복해서 더하는 불편함을 없애기 위해 곱셈을 만든 수학자들은 같은 수를 반복해서 곱하는 일도 불편하다고 여겼습니다.

$$3 \times 3 \times 3 \times 3 \times 3 \times 3 \times 3 \times 3 \times 3 \times 3 \times 3$$

위의 식은 3을 몇 번 곱했는지 한눈에 알아보기 어렵습니다. 이 불편함을 해결하기 위해 수학자들은 새로운 기호를 만드는 대신 다른 방법을 떠올렸습니다. 반복해서 곱해지는 숫자 위에, 그 수가 곱해지는 횟수를 적기로 약속한 것이지요.

$$3 \times 3 \times 3 \times 3 \times 3 \times 3 \times 3 \times 3 \times 3 \times 3 \times 3$$
→ 3을 열한 번 곱함 → 3^{11}

3과 같이 아래에 있는 수를 '밑'이라 하고, 11과 같이 위에 있는 수를 '지수'라고 합니다. 지수에서 지(指)는 '지시하다'라는 의미를 가지고 있습니다. **지수는 밑을 몇 번 곱할지 지시하는 수라고 이해하면 돼요.**

지수를 읽는 방법은 다음과 같습니다.

[식] 3^2
[읽는 법] 삼의 제곱

[식] 3^3
[읽는 법] 삼의 세제곱

[식] 3^4
[읽는 법] 삼의 네제곱

어떤 수를 여러 번 곱하는 것을 '제곱한다'라고 말합니다. 따라서 지수를 읽을 때에는 '제곱' 앞에 몇 번 곱하는지 횟수를 더하면 됩니다. 세 번 곱하면 세제곱, 네 번 곱하면 네제곱 이런 식으로요. 그럼 3^1은 어떻게 읽을까요? 3^1은 3을 한 번 곱한다는 의미이므로 3이 됩니다. '제곱'을 붙여서 읽을 필요가 없지요.

수학자들은 다양한 수들을 간단하게 나타내기 위해 지수가 0인 경우, 지수가 음수인 경우에 대해서도 약속을 했습니다. **우선 지수가 0일 때는 밑이 어떤 수이든 값은 1입니다.** 즉, $2^0, 3^0, 4^0 \cdots$ 모두 1이 되는 것이지요.

$$a^0 = 1$$

지수가 음수인 경우에는 역수를 의미합니다. 즉, 2^2의 역수인 $\frac{1}{2^2}$을 나타낼 때, 지수를 음수로 해 2^{-2}으로 표현하고,

3^5의 역수인 $\dfrac{1}{3^5}$을 나타낼 때는 3^{-5}으로 표현하는 식이지요.

$$a^{-n} = \frac{1}{a^n}$$

왜 2^0은 1이 되고 2^{-2}은 $\dfrac{1}{2^2}$가 되냐고요? 그렇게 약속했기 때문이에요. 수학자들이 +를 덧셈 기호로 약속했듯이 지수의 규칙을 정한 것이지요. 수학은 논리적으로 문제를 해결하는 학문이지만, 문제를 해결하기 위해서는 숫자, 연산 기호 등 수학자들과의 약속을 잘 기억해야 한답니다.

한편, 7×6을 계산할 때 $7 + 7 + 7 + 7 + 7 + 7$을 생각해서 문제를 푸는 경우는 거의 없습니다. 구구단을 외워 두면 7×6은 42와 같다는 것을 빠르게 기억해 낼 수 있기 때문이지요. 이와 마찬가지로 지수의 성질과 법칙을 잘 알면 수학 문제를 더 쉽게 풀 수 있답니다.

1. 지수의 법칙

덧셈으로 계산하기

밑이 같고 지수가 자연수인 수의 곱셈은 지수끼리의 덧셈으로 나타낼 수 있습니다.

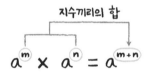

예를 들어 $8^2 \times 8^5$를 계산해 볼까요? 8^2은 8을 두 번 곱한 값, 즉 8×8과 같습니다. 8^5은 8을 다섯 번 곱한 값, 즉 $8 \times 8 \times 8 \times 8 \times 8$과 같고요. 그러므로 $8^2 \times 8^5$은 $(8 \times 8) \times (8 \times 8 \times 8 \times 8 \times 8)$로도 이해할 수 있습니다. 따라서 $8^2 \times 8^5$은 8^7이 됩니다.

$$8^2 \times 8^5$$
$$= 8^{2+5}$$
$$= 8^7$$

곱셈으로 계산하기

괄호 안에 있는 수에 대한 지수의 경우, 지수의 곱셈으로 나타
낼 수 있습니다.

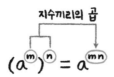

예를 들어 $(9^2)^3$을 계산해 봅시다. 괄호 안을 먼저 계산
하면 9^2은 9×9로 나타낼 수 있습니다. 따라서 $(9^2)^3$은
$(9 \times 9)^3$으로 바꾸어 쓸 수 있지요. $(9 \times 9)^3$은 (9×9)를
세 번 반복해서 곱한 값이니 $(9 \times 9) \times (9 \times 9) \times (9 \times 9)$
와 같습니다. 따라서 $(9^2)^3$은 9^6과 같습니다.

$$(9^2)^3$$
$$= 9^{2 \times 3}$$
$$= 9^6$$

연산의 순서

연산의 순서를 누가, 왜 결정했는지에 대해서는 정확히 알려진 바가 없습니다. 아주 오래전 일부 수학자들에 의해 결정된 것으로 추측할 뿐이지요. 수학자들은 계산할 때 혼동되지 않도록 미리 연산의 순서를 약속했습니다. 오래전 약속이 관습처럼 지금까지 이어져 오고 있습니다.

1. 앞에서부터 순서대로

하나의 기호만 사용된 식은 제일 앞에 있는 수부터 순서대로 계산합니다.

$$3 + 6 + 2 + 1 = 12$$
$$12 - 5 - 2 - 1 = 4$$
$$2 \times 3 \times 4 \times 5 = 120$$
$$12 \div 3 \div 2 = 2$$

덧셈과 뺄셈이 함께 사용된 경우 또는 곱셈과 나눗셈이 함께 사용된 경우에도 앞에서부터 계산합니다.

$$4 + 8 - 2 + 3 = 13$$
$$2 \times 8 \div 4 \div 2 = 2$$

2. 곱셈 또는 나눗셈 먼저

덧셈, 뺄셈, 곱셈, 나눗셈 기호가 섞여 있는 경우에는 곱셈 또는 나눗셈을 먼저 하고, 덧셈과 뺄셈을 합니다.

$$4 + 8 \div 2 - 2 \times 3$$
$$= 4 + 4 - 6$$
$$= 8 - 6$$
$$= 2$$

3. 괄호 먼저

괄호가 있다면 괄호 안에 있는 식을 먼저 계산합니다. 괄호에는 소괄호 ( ), 중괄호 { }, 대괄호 [ ]가 있습니다. 가장 먼저 소괄호 안의 식을 계산한 후, 중괄호, 대괄호 순서로 계산합니다.

$$15 - 3 \times [8 \div \{2 \times (5 - 3)\}]$$
$$= 15 - 3 \times [8 \div \{2 \times 2\}]$$
$$= 15 - 3 \times [8 \div 4]$$
$$= 15 - 3 \times 2$$
$$= 15 - 6$$
$$= 9$$

뺄셈으로 계산하기

밑이 같고 지수가 자연수일 때 나눗셈은 지수끼리의 뺄셈으로 계산할 수 있습니다.

$$a^m \div a^n = a^{m-n}$$

지수의 차 $(m > n)$

예를 들어, $6^5 \div 6^3$을 6^{5-3}으로 생각해 6^2으로 계산할 수 있지요. 어째서 나눗셈이 지수의 뺄셈이 되는 걸까요? 6^5은 6을 다섯 번 곱한 값, 즉 $6 \times 6 \times 6 \times 6 \times 6$과 같습니다. 6^3은 6을 세 번 곱한 값, 즉 $6 \times 6 \times 6$과 같지요. 한편, $6^5 \div 6^3$은 아래와 같이 분수로 나타낼 수 있습니다.

$$6^5 \div 6^3 = \frac{6^5}{6^3} = \frac{6 \times 6 \times 6 \times 6 \times 6}{6 \times 6 \times 6}$$

어떤 분수에 대해서 분모와 분자의 수를 같은 수로 묶어 숫자가 작은 수로 나타내는 것을 약분이라고 합니다. 함께 약분해 봅시다.

분자에는 6이 다섯 번 곱해져 있고, 분모에는 세 번 곱해져 있습니다. 분자에 6이 곱해져 있는 횟수에서 분모에 6이 곱해져 있는 횟수만큼 약분할 수 있습니다.

$$\frac{6 \times 6 \times 6 \times 6 \times 6}{6 \times 6 \times 6} = \frac{6 \times 6 \times 6 \times 6 \times 6}{6 \times 6 \times 6} = \frac{6 \times 6}{1}$$
$$= 6 \times 6 = 6^2$$

따라서 $6^5 \div 6^3 = 6^{5-3} = 6^2$으로 나타낼 수 있습니다.

분배해서 계산하기

괄호로 묶인 곱셈식의 지수는 함께 또는 각각 나타낼 수 있습니다.

$$(a \times b)^n = a^n \times b^n$$

예를 들어 $5^2 \times 3^2$은 $(5 \times 3)^2$으로 바꿀 수 있고, $(7 \times 8)^6$은 $7^6 \times 8^6$으로 표현할 수 있습니다. 왜 그럴까요? $5^2 \times 3^2$을 한번 살펴봅시다. $5^2 \times 3^2$은 $5 \times 5 \times 3 \times 3$으로 나타낼 수 있습니다. 곱셈은 교환법칙이 성립하기 때문에 $5 \times 5 \times 3 \times 3$을 $5 \times 3 \times 5 \times 3$으로 바꾸어도 값은 변하지 않습니다. 그런데 $5 \times 3 \times 5 \times 3$은 $(5 \times 3) \times (5 \times 3)$, 즉 (5×3)이 두 번 곱해진 것이기 때문에 $(5 \times 3)^2$이라고 쓸 수 있습니다.

$$5^2 \times 3^2$$
$$= 5 \times 5 \times 3 \times 3$$
$$= 5 \times 3 \times 5 \times 3$$
$$= (5 \times 3) \times (5 \times 3)$$
$$= (5 \times 3)^2$$

2. 지수와 측정 단위

지수는 숫자에만 쓰이는 것이 아니라 측정 단위에도 사용됩니다. 예를 들어 한 변의 길이가 3cm인 정사각형의 넓이는 (가로) × (세로), 즉 3cm × 3cm로 계산합니다. 3 × 3의 값은 9입니다. 그렇다면 cm × cm는 어떻게 나타낼까요? cm를 두 번 곱했으니 cm^2라고 쓰고 제곱센티미터라고 읽습니다.

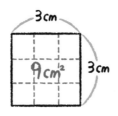

넓이의 단위인 cm^2, m^2(제곱미터), km^2(제곱킬로미터)뿐 아니라, 부피의 단위에도 지수가 사용됩니다. 부피는 물건이 공간에서 차지하는 크기를 나타냅니다. 부피는 측정하고자 하는 물체에, 모서리의 길이가 모두 같은 정육면

체가 몇 번 들어가는지 세어서 나타냅니다. 부피의 기준이 되는 도형은 다음과 같습니다.

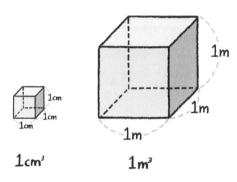

1cm³   1m³

왼쪽에 있는 도형을 살펴봅시다. 가로, 세로의 길이가 1cm인 정사각형, 즉 넓이가 1cm²인 정사각형이 1cm 높이만큼 쌓여 있으니 이 도형의 부피는 1cm × 1cm × 1cm로 계산할 수 있습니다. 1 × 1 × 1은 1과 같고, cm를 세 번 곱했으니 cm³라 쓰고 세제곱센티미터라고 읽습니다. 마찬가지로 한 모서리의 길이가 1m인 성육년제의 부피는 1m³(세제곱미터)로 나타냅니다.

제곱근, 지수를 거꾸로

같은 수를 반복해서 곱하는 경우에는 다음과 같이 지수를 이용하여 간단하게 나타냈습니다.

3의 제곱　　$3 \times 3 = 3^2$

3의 세제곱　$3 \times 3 \times 3 = 3^3$

3의 네제곱　$3 \times 3 \times 3 \times 3 = 3^4$

그렇다면 다음의 식은 어떻게 나타낼까요?

같은 수를 두 번 곱해 9가 되게 하는 수　$\square \times \square = 9$

같은 수를 세 번 곱해 27이 되게 하는 수　$\square \times \square \times \square = 27$

같은 수를 네 번 곱해 54가 되게 하는 수　$\square \times \square \times \square \times \square = 54$

수학자들은 같은 수 □를 반복해서 두 번 곱해 9가 될 때, □를 9의 제곱근이라고 부르기로 했습니다. **어떤 수의 제곱근은 제곱하여 그 수가 되는 수를 말합니다.** 제곱근을 표현할 때는 $\sqrt{}$ 기호를 붙여 쓰는데 $\sqrt{}$ 기호는 근호 또는 루트라고 합니다. 예컨대 $\sqrt{9}$는 '루트 구'라고 읽습니다.

제곱근의 '근(根)'은 뿌리, 근원이라는 뜻인데요, 루트(root) 역시 영어로 뿌리라는 뜻을 갖고 있습니다. 제곱근은 제곱을 만드는 뿌리, 근본이라고 이해하면 됩니다.

루트라는 단어를 처음 사용한 수학자는 아라비아 수학자 무함마드 알 콰리즈미입니다. 알 콰리즈미는 여러 가지 식을 풀어 나가는 과정을, 식이 열려 있는 나무의 숨겨진 뿌리를 찾는 과정으로 생각했습니다. □ × □ = 9일 때 9라는 숫자를 이루고 있는 뿌리인 □를 찾는 것이 바로 제곱근을 찾는 과정이라 할 수 있지요.

루트라는 단어를 처음 쓴 사람은 알 콰리즈미이지만 루트 기호를 만든 사람은 16세기 독일의 수학자 크리스토프 루돌프입니다. '뿌리'라는 뜻의 라틴어 라디크스(radix)의 소문자 r을 변형하여 $\sqrt{}$ 기호를 만든 것으로 추측됩니다.

그렇다면 □를 반복해서 세 번 곱해 27이 될 때에는 □를 어떻게 나타낼 수 있을까요? 이 경우 근호 옆에 세 번 곱했다는 의미로 작게 3을 씁니다.

$$\sqrt[3]{27}$$

이렇게 쓴 3을 근지수라고 합니다. 네 번 곱했을 때는 근지수를 4로, 다섯 번 곱했을 때는 근지수를 5로 씁니다.

근지수가 3일 때는 세제곱근, 4일 때는 네제곱근과 같이 제곱근 앞에 숫자를 붙여 읽습니다. 제곱근에는 2를 생략해서 $\sqrt{}$ 만 씁니다.

9의 제곱근은 $\sqrt{9}$
$\sqrt{9} \times \sqrt{9} = 9$

27의 세제곱근은 $\sqrt[3]{27}$
$\sqrt[3]{27} \times \sqrt[3]{27} \times \sqrt[3]{27} = 27$

54의 네제곱근은 $\sqrt[4]{54}$
$\sqrt[4]{54} \times \sqrt[4]{54} \times \sqrt[4]{54} \times \sqrt[4]{54} = 54$

근의 공식

제곱근 이외에도 뿌리를 의미하는 '근'을 사용하는 수학 용어가 또 있답니다. 중학교에서 배우는 근의 공식이지요. 이때 근은 x의 값을 의미합니다. 근의 공식을 활용하면 $ax^2 + bx + c = 0(a \neq 0)$과 같이 x^2이 포함된 식의 답을 빨리 구할 수 있습니다. 근의 공식은 다음과 같습니다.

$$x = \frac{-b \pm \sqrt{b^2 - 4ac}}{2a}$$

위 식에 있는 a, b, c 대신 식 $ax^2 + bx + c = 0$의 a, b, c 자리에 있는 숫자를 넣으면 답을 구할 수 있어요 예를 들어 $2x^2 + 3x + 4 = 0$에서 x의 값은 다음과 같이 구할 수 있습니다.

$$x = \frac{-3 \pm \sqrt{3^2 - 4 \times 2 \times 4}}{2 \times 2}$$

1. 제곱근과 무리수

1, 2, 3과 같은 자연수와 $\frac{1}{2}$, $\frac{3}{7}$, $\frac{8}{19}$과 같은 분수는 실생활에 자주 사용되는 수입니다. 자연수와 분수는 고대 이집트에서부터 사용되었을 정도로 역사가 오래되었습니다. 오랫동안 사람들은 '수'는 자연수와 분수로만 이루어져 있다고 믿었답니다.

그런데 고대 그리스의 피타고라스학파는 자연수로도, 분수로도 나타낼 수 없는 이상한 수를 발견했습니다. 눈으로 볼 수도 있고, 수학적으로 계산할 수도 있지만 측정할 수는 없는 신기한 수였지요. 이 수를 발견하게 된 배경에 바로 제곱근이 있습니다.

여러분, 피타고라스 정리를 기억하고 있나요? 직각삼각형 세 변의 길이 사이에는 특별한 공식이 성립하는데이를 피타고라스 정리라고 하지요. 피타고라스 정리에따르면 빗변의 길이를 두 번 거듭하여 곱한 값은 나른두 변을 각각 두 번 거듭하여 곱한 값을 더한 것과 같습니다.

예를 들어, 다음 그림과 같이 빗변의 길이가 5cm, 다른 두 변이 각각 4cm, 3cm인 직각삼각형이 있을 때, 다음과 같은 식이 성립합니다.

$$(\text{빗변의 길이})^2 = (\text{한 변의 길이})^2 + (\text{다른 한 변의 길이})^2$$
$$5^2 = 4^2 + 3^2$$

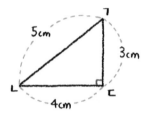

그렇다면 다음과 같이 빗변이 아닌 다른 두 변의 길이가 각각 1cm인 직각삼각형의 경우는 어떨까요?

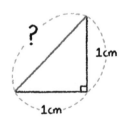

피타고라스 정리에 따르면 빗변의 길이 □는 다음과 같습니다.

$$\square^2 = 1^2 + 1^2$$

따라서 $\square^2 = 2$, □는 $\sqrt{2}$가 됩니다. 그런데 $\sqrt{2}$를 계산해 보면 1.41421356…과 같이 순환하지 않는 무한소수가 나옵니다. 피타고라스 당시에는 자연수와 분수로 표현할 수 없는 이러한 수의 존재 자체를 인정하지 않았습니다. 나중에서야 이 수의 존재를 인정했지만 '이치에 맞지 않는 수'라고 해서 무리수라고 불렀지요. 그렇지만 무리수인 $\sqrt{2}$는 실제로 존재하는 수로, 눈으로 확인할 수도 있답니다. 빗변이 아닌 두 변의 길이가 각각 1cm인 직각삼각형을 그렸을 때 빗변의 길이가 $\sqrt{2}$이니까요.

한편, $\sqrt{2}$가 무리수일 뿐, 모든 제곱근이 무리수인 것은 아니랍니다. 예를 들어, 2를 제곱하면 4가 되기 때문에 $\sqrt{4} = 2$라고 할 수 있어요. 2는 무리수가 아니지요. 자연수로도 분수로도 나타낼 수 없는, 순환하지 않는 무한소수만 무리수라고 한답니다.

2. 지수와 제곱근의 관계

지수와 제곱근은 역연산 관계에 있습니다. 따라서 제곱을 하기 전 수 또는 식으로 되돌아가기 위해서는 제곱근이 필요하고, 반대로 제곱근으로 나타낸 수나 식을 원래 형태로 되돌리기 위해서는 지수가 필요합니다.

$$2^2 = 4$$
$$\sqrt{4} = 2$$

$$2^3 = 8$$
$$\sqrt[3]{8} = 2$$

$$2^4 = 16$$
$$\sqrt[4]{16} = 2$$

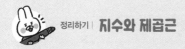 정리하기 | **지수와 제곱근**

1. 같은 수를 반복해서 곱할 때에는 밑과 지수를 이용해 나타냅니다.

$$3 \times 3 \times 3 \times 3 \times 3 \times 3 \times 3 \times 3 \times 3 \times 3 \times 3 = 3^{11}$$

2. m, n이 자연수일 때 지수의 성질은 다음과 같습니다.

$$a^m \times a^n = a^{m+n}$$
$$(a^m)^n = a^{mn}$$
$$a^m \div a^n = a^{m-n}$$
$$(ab)^n = a^n b^n$$

3. 어떤 수의 제곱근은 제곱하여 그 수가 되는 수를 말합니다.

9의 제곱근은 $\sqrt{9}$

$$\sqrt{9} \times \sqrt{9} = 9$$

27의 세제곱근은 $\sqrt[3]{27}$

$$\sqrt[3]{27} \times \sqrt[3]{27} \times \sqrt[3]{27} = 27$$

54의 네제곱근은 $\sqrt[4]{54}$

$$\sqrt[4]{54} \times \sqrt[4]{54} \times \sqrt[4]{54} \times \sqrt[4]{54} = 54$$

전설에 따르면 고대 인도 베나레스 지역의 한 사원에는 다이아몬드 기둥이 3개 있었습니다. 신이 세상을 창조할 때 3개의 다이아몬드 기둥 중 맨 왼쪽 기둥에 크기가 다른 64개의 원반을 큰 것이 밑에 오도록 피라미드 모양으로 쌓아 놓았다고 합니다. 신은 64개의 원반을 1개씩 옮겨서 맨 오른쪽 기둥에 똑같은 모양으로 다시 쌓으면 지구의 종말이 올 것이라고 말했다고 전해집니다. 단, 원반을 옮기는 규칙은 다음과 같습니다.

1. 원반은 한 번에 1개만 옮길 수 있다.
2. 작은 원반 위에 큰 원반을 올릴 수 없다.

이 문제가 유명해진 것은 19세기 프랑스의 수학자 에두아르 뤼카 덕분입니다. 뤼카는 전설처럼 64개의 원반을 옮기는 사람에게 1만 프랑의 상금을 주겠다고 이야기했습니다. 그러나 수학자들은 이 문제를 풀어도 상금을 탈 수 없다고 결론지었답니다. 진짜로 지구의 종말이 올까 봐 걱정되어서 그런 걸까요? 그보다는 상금을 타기 전에 늙어서 죽게 될 것이 뻔하기 때문이었답니다. 64개의 원반을 옮기는 데에는 어마어마한 시간이 걸리거든요. 왜 그런지 3개의 원반으로 먼저 문제를 풀어 봅시다. 오른쪽 그림의 순서를 따라 원반을 옮겨 보세요.

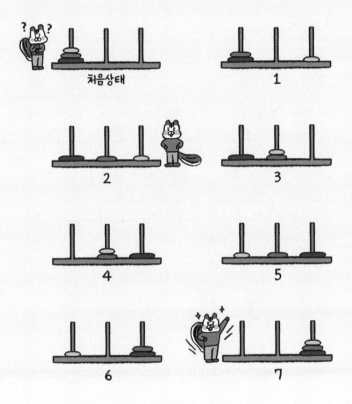

처음상태

1

2

3

4

5

6

7

3개의 원반을 규칙에 따라 옮겨 보면 일곱 번 만에 모두 옮길 수 있습니다. 수학자들이 4개의 원반, 5개의 원반…과 같이 원반의 개수를 순서대로 증가시켜 보니 원반을 옮기는 횟수를 다음과 같은 식으로 나타낼 수 있었습니다.

$$2^{원반의 개수} - 1$$

즉, 원반 2개를 옮기는 데 필요한 횟수는 $2^2 - 1$이므로 세 번, 원반 5개를 옮기는 데에는 $2^5 - 1$이므로 서른한 번이 필요합니다. 원반 64개를 옮기려면 $2^{64} - 1$번 움직여야 합니다.

그런데 $2^{64} - 1$을 계산한 값은 18,446,744,073,709,551,615입니다. 시간으로 따지면 1초에 1개씩 옮겨도 약 5845억 년이 걸리게 되지요. 지구의 나이는 약 46억 년이라고 하니 원반을 옮기려면 지구 나이의 100배도 넘는 어마어마한 시간이 필요합니다.

4부

로그, 천문학적 숫자를 다루는 연산

로그는 고등학교 『수학I』에서 배우는 내용입니다.

2^{63}과 같이 큰 수를 어떻게 계산할까요? 지금은 컴퓨터와 계산기의 도움을 받을 수 있지만 계산기가 없었던 과거에는 일일이 손으로 계산해야 했습니다. 이는 너무나 어려운 일이었지요. 2^{63}과 같은 계산을 쉽게 하도록 도와주는 것이 로그입니다. 로그는 아라비아 숫자의 발명, 소수의 발명과 함께 계산의 3대 혁명으로 불린답니다. 프랑스의 천문학자 피에르 라플라스가 "로그의 발명으로 일거리가 줄어서 천문학자의 수명이 배로 늘어났다."라고 이야기할 정도였지요.

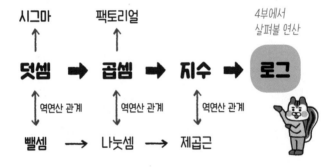

시그마   팩토리얼   4부에서
                                                     살펴볼 연산
  ↑   ↑
덧셈 ➡ **곱셈** ➡ **지수** ➡ **로그**

 ↕ 역연산 관계   ↕ 역연산 관계   ↕ 역연산 관계

빨셈 → 나눗셈 → 제곱근

로그

5를 표현하는 데에는 다양한 방법이 있습니다. 분수로는 $\frac{5}{1}$, $\frac{10}{2}$, $\frac{15}{3}$와 같이 표현할 수 있지요. 제곱근을 사용한다면 $\sqrt{25}$와 같이 표현할 수 있고요. 아래의 수들은 표현 방식은 다르지만 모두 같은 수, 5를 나타내지요.

$$5 = \frac{5}{1} = \frac{10}{2} = \frac{15}{3} = \sqrt{25} = 1 \times 5$$

이처럼 수는 표현 방법을 다르게 하여 다양하게 나타낼 수 있이요. **로그(log)는 지수를 기준으로 식을 나트게 나타낼 때 사용합니다.** 지수의 계산을 쉽고 빠르게 하기 위해 로그를 활용해 새로운 형식과 규칙에 따라 표현한 것이지요.

$\log_a N = x$에는 'a를 x제곱하면 N이 됩니다.'라는 의미가 담겨 있습니다. 이때 로그에서 a를 밑, N을 진수라고 합니다.

$2^3 = 8$을 통해 지수와 로그의 관계를 알아봅시다. 이 식을 통해 '2를 몇 제곱해야 8이 될까요?'라는 질문에 3, 즉 세제곱이라고 답할 수 있습니다. 이를 로그로 표현하면 다음과 같습니다.

[읽는 법] 2를 밑으로 하는 8의 로그는 3과 같다.

로그를 처음 만든 사람은 16세기 영국 수학자 존 네이피어입니다. 큰 수의 곱셈을 수십 번 반복해야 하는 천문학 연구를 하던 네이피어는 "곱셈을 덧셈으로 바꾸면 더 쉽게 계산할 수 있지 않을까?"라는 생각을 하게 되었습니다. 네이피어는 이 아이디어를 20여 년간 연구한 끝에 '로그'라는 새로운 개념을 만들어 냈습니다. 로그(log)는 '식'이라는 뜻의 라틴어 로고스(logos)와 '수'라는 뜻의 아리스모스(arithmos)를 합쳐 만든 단어 로가리듬(logarithm)의 약자입니다. 로그가 어떻게 계산을 쉽게 만들었는지 알아볼까요?

　　예를 들어, 16 × 64라는 식을 생각해 봅시다. 어려운 문제는 아니지만 답을 계산하는 데 시간이 걸리는 문제입니다. 수학자들은 계산을 단순하게 만들기 위해 다음과 같이 로그값을 미리 다 계산해 표로 만들었습니다. 수학 문제를 풀 때마다 표를 참고해 큰 수의 곱셈을 덧셈으로 바꾸어 계산했지요.

$\log_2 2$	$\log_2 4$	$\log_2 8$	$\log_2 16$	$\log_2 32$
1	2	3	4	5
$\log_2 64$	$\log_2 128$	$\log_2 256$	$\log_2 512$	$\log_2 1024$
6	7	8	9	10

16 × 64라는 곱셈을 로그의 덧셈으로 계산하는 방법은 다음과 같습니다. 16과 64를 2를 밑으로 하는 로그로 바꿉니다. $\log_2 16$과 $\log_2 64$를 위의 표에서 살펴보면 $\log_2 16$은 4, $\log_2 64$는 6과 같습니다. 4와 6을 더하면 10이 됩니다. 표에서 10에 해당하는 로그는 $\log_2 1024$입니다. 따라서 16 × 64는 1024입니다.

어떻게 이러한 계산이 가능한 걸까요? 16과 64를 2를 밑으로 하는 지수로 나타내 보겠습니다. 16은 2^4과 같고 64는 2^6과 같습니다. 따라서 앞서 살펴본 지수의 법칙을 적용하면 다음과 같은 식으로 나타낼 수 있습니다.

$$16 \times 64 = 2^4 \times 2^6 = 2^{4+6} = 2^{10}$$

즉, 밑이 2로 같은 수들의 곱은 지수의 합으로 나타낼 수 있습니다. 수학자들은 이 원리를 이용해서 지수끼리 더해서 곱셈의 값을 빨리 찾을 수 있는 연산 기호인 로그를 만든 것입니다. 그러니 로그를 이용할 때에는 지수의 밑이 꼭 같은 수여야 한다는 점을 주의해야겠지요.

지금은 밑을 10으로 한 로그가 가장 일반적으로 쓰이고 있습니다. 네이피어가 로그를 처음 만들었을 때에는 밑이 10이 아니었지만 나중에 헨리 브리그스라는 영국 수학자가 아라비아 숫자의 십진법 체계에 맞추어 밑을 10으로 한 로그값을 정리했습니다. 헨리 브리그스는 1624년에 1부터 20000까지, 90000에서 100000까지의 로그값을 담은 책 『로그산술(Arithmetica Logarithmica)』을 펴냈습니다. **밑을 10으로 하는 로그를 '상용로그(common logarithm)'라고 하고, 상용로그를 계산한 표를 '상용로그표'라고 합니다.** 컴퓨터나 계산기가 없던 시절에도 상용로그표를 활용하면 큰 수를 편리하게 계산할 수 있었습니다.

로그의 법칙

그럼 지금부터 로그의 여러 가지 성질 또는 법칙을 알아봅시다.

$\log_a a$는 언제나 1

앞서 살펴본 것과 같이 2를 세 번 곱한 값인 8, 즉 $2^3 = 8$은 로그를 이용해 $\log_2 8 = 3$으로 나타낼 수 있습니다. 그렇다면 어떤 수를 한 번 곱한 값은 로그로 어떻게 나타낼까요? $2^1 = 2$를 통해 생각해 봅시다. 2^1은 2를 한 번 곱했다는 뜻이니 '2를 한 번 곱하면 2가 된다.'라고 이해할 수 있습니다. 이를 로그로 바꾸어 보면 다음과 같습니다.

$$2^1 = 2 \qquad \log_2 2 = 1$$

log₂2, log₃3, log₄4…와 같이 밑과 진수가 같은 로그값은 모두 1이 됩니다. 어떤 수이든 한 번 곱하면 그 수 그대로이니까요. 이 관계를 일반적인 형태로 나타내 볼까요? $\log_2 2 = 1$에서 2 대신 어떤 수가 들어가도 항상 로그값은 1과 같으니 2 대신 알파벳 a를 이용해 로그를 나타내면 다음과 같습니다.

$$\log_a a = 1$$

$\log_a a$는 'a를 몇 제곱해야 a가 됩니까?'라는 의미이며, $a^1 = a$이므로 **임의의 자연수 a를 밑으로 하는 로그 a의 값은 언제나 1입니다.**

$\log_a 1$은 언제나 0

임의의 자연수 a를 밑으로 하는 로그 1의 값은 언제나 0입니다. 지수를 정의할 때 a^0은 1로 약속했습니다. 따라서 'a에 0을 제곱하면 1이 된다.'라고 할 수 있습니다. $2^0 = 1$을 로그로 나타내면 $\log_2 1 = 0$이 됩니다.

$$2^0 = 1 \qquad \log_2 1 = 0$$

$\log_2 1$, $\log_3 1$, $\log_4 1 \cdots$과 같이 $\log_a 1$ 형태로 나타내는 로그값은 모두 0이 됩니다. 따라서 아래와 같이 정리할 수 있지요.

$$\log_a 1 = 0$$

로그의 덧셈과 뺄셈

밑이 같은 로그의 덧셈은 진수끼리의 곱셈을 통해 쉽게 구할 수 있습니다. 즉, $\log_a M + \log_a N$은 $\log_a MN$과 같습니다. $\log_2 4 + \log_2 8$을 통해 한번 살펴봅시다.

$\log_2 4$는 '2를 몇 제곱해야 4가 됩니까?'라는 의미입니다. 따라서 $\log_2 4$의 값은 2입니다. 마찬가지로 2를 세제곱해야 8이 되므로 $\log_2 8$은 3입니다. 따라서 $\log_2 4 + \log_2 8$을 계산하면 아래와 같습니다.

$$\log_2 4 + \log_2 8$$
$$= 2 + 3$$
$$= 5$$

이번에는 진수끼리 곱하는 방법으로 계산해 봅시다.

$$\log_2 (4 \times 8)$$
$$= \log_2 32$$
$$= 5$$

32는 2^5이므로, 이 경우에도 답은 5가 됩니다. 이와 같이 밑이 같은 로그의 덧셈식은 진수끼리의 곱셈을 통해 계산할 수 있습니다.

$$\log_a MN = \log_a M + \log_a N$$

밑이 같은 로그의 뺄셈은 진수의 나눗셈을 통해 쉽게 구할 수 있습니다. 즉, $\log_a M - \log_a N$은 $\log_a \dfrac{M}{N}$과 같습니다. 덧셈은 곱셈으로, 뺄셈은 나눗셈으로 계산한다고 이해하면 쉬워요. $\log_2 8 - \log_2 4$를 통해 로그의 뺄셈을 살펴봅시다. 2^3은 8이므로 $\log_2 8$은 3이고, 2^2은 4이므로 $\log_2 4$는 2입니다. 따라서 $\log_2 8 - \log_2 4$을 계산하면 아래와 같습니다.

$$\log_2 8 - \log_2 4$$
$$= 3 - 2$$
$$= 1$$

이번에는 진수의 나눗셈을 활용하는 방법으로 계산해 봅시다.

$$\log_2 \frac{8}{4}$$
$$= \log_2 2$$
$$= 1$$

이와 같이 밑이 같은 로그의 뺄셈은 진수의 나눗셈을 통해 계산할 수 있습니다.

$$\log_a \frac{M}{N} = \log_a M - \log_a N$$

정리하기 | **로그**

1. 로그는 큰 수의 계산을 쉽고 빠르게 하기 위해 지수를 다른 형태로 표현한 것입니다. $\log_a N = x$에는 'a를 x제곱하면 N이 됩니다.'라는 의미가 담겨 있습니다. 지수와 로그의 관계는 다음과 같습니다.

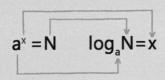

$$a^x = N \qquad \log_a N = x$$

2. 로그의 성질은 다음과 같습니다.

$$\log_a a = 1$$
$$\log_a 1 = 0$$
$$\log_a MN = \log_a M + \log_a N$$
$$\log_a \frac{M}{N} = \log_a M - \log_a N$$

하늘의 별과 내가 서 있는 지구와의 거리는 얼마일까요? 서울에서 부산
까지 거리가 약 400km이니 40,000km쯤 될까요? 별과 지구 사이의 거
리는 상상할 수 없을 정도로 멀답니다. 그래서 지구에서 쓰는 길이의 단
위인 m나 km와 다른 새로운 단위를 사용해요. 우주에서의 거리는 '광년
(光年)'으로 계산합니다. 1광년은 빛의 속도로 1년 동안 나아갔을 때 도달
할 수 있는 거리를 뜻합니다. 1광년을 km로 나타내면 다음과 같습니다.

$$1광년 = 9.46 \times 10^{12}km$$

그렇다면 북극성과 지구와의 거리를 알아볼까요? 북극성은 지구와 약
430광년 떨어져 있습니다. 430광년은 빛이 430년 동안 이동한 거리이
니 북극성에서 430년 전에 출발한 빛을 지금 우리가 보고 있다는 의미
예요. 신기하지요? 이를 km로 나타내면 다음과 같지요.

$$430광년 = 9.46 \times 10^{12} \times 430km$$

정말 멀지요? 북극성뿐 아니라 우주의 여러 별들과 지구와의 거리, 별들
사이의 거리를 모두 손으로 계산한다고 생각해 보세요. 실제로 로그표가
만들어지기 전인 1500년대 천문학자들은 별의 위치를 알아내기 위해 수
십 자리나 되는 숫자들을 일일이 계산했습니다. 당시에는 선원들이 별의

위치를 보며 항해를 했기 때문에 별자리 위치를 계산하는 일은 너무나 중요했지요. 그러나 이러한 큰 수의 계산은 작은 실수로도 값이 틀리기 쉬웠습니다. 그뿐만 아니라 별자리를 잘못 계산하면 배가 길을 잃게 되니 사람의 생명까지 좌우될 수 있었습니다. 로그의 발명으로 계산이 쉬워졌을 뿐 아니라 사람의 생명도 구할 수 있게 되었답니다.

교과 연계

초등학교	중학교	고등학교
덧셈과 뺄셈	1학년	수학
곱셈	Ⅰ. 수와 연산	Ⅵ. 경우의 수
나눗셈	1 소인수분해	1 경우의 수
약분과 통분	Ⅱ. 문자와 식	
분수의 덧셈과 뺄셈	1 문자의 사용과 식의 계산	수학 Ⅰ
다각형의 둘레와 넓이		Ⅰ. 지수함수와 로그함수
분수의 곱셈과 나눗셈	2학년	1 지수와 로그
	Ⅵ. 확률	
	1 경우의 수와 확률	
	3학년	
	Ⅰ. 실수와 그 연산	
	2 근호를 포함한 식의 계산	

이미지 정보   93면   Paul James Cowie (commons.wikimedia.org)

수학 교과서 개념 읽기
연산 덧셈에서 로그까지

초판 1쇄 발행 | 2019년 9월 6일
초판 2쇄 발행 | 2019년 10월 31일

지은이 | 김리나
펴낸이 | 강일우
책임편집 | 이현선
조판 | 신성기획
펴낸곳 | (주)창비
등록 | 1986년 8월 5일 제85호
주소 | 10881 경기도 파주시 회동길 184
전화 | 031-955-3333
팩시밀리 | 영업 031-955-3399 편집 031-955-3400
홈페이지 | www.changbi.com
전자우편 | ya@changbi.com

ⓒ 김리나 2019
ISBN 978-89-364-5905-5 44410
ISBN 978-89-364-5903-1 (세트)